专业农机手

◎ 何 勇　王庆和　王利峰　主编

 中国农业科学技术出版社

图书在版编目(CIP)数据

专业农机手 / 何勇,王庆和,王利峰主编. --北京:中国农业科学技术出版社,2023.3

ISBN 978-7-5116-6091-6

Ⅰ.①专… Ⅱ.①何…②王…③王… Ⅲ.①农业机械-驾驶术-安全技术 Ⅳ.①S22

中国版本图书馆 CIP 数据核字(2022)第 240828 号

责任编辑	姚　欢　施睿佳
责任校对	马广洋
责任印制	姜义伟　王思文

出　版　者	中国农业科学技术出版社
	北京市中关村南大街 12 号　　邮编:100081
电　　　话	(010) 82106631 (编辑室)　　(010) 82109702 (发行部)
	(010) 82109709 (读者服务部)
网　　　址	https://castp.caas.cn
经　销　者	各地新华书店
印　刷　者	北京地大彩印有限公司
开　　　本	140 mm×203 mm　1/32
印　　　张	5.75
字　　　数	140 千字
版　　　次	2023 年 3 月第 1 版　2023 年 3 月第 1 次印刷
定　　　价	36.80 元

前　言

　　农业机械化是建设现代农业的重要内容，是农业现代化最核心的指标。近年来，随着农机购置补贴等政策的深入实施，大型化、智能化、高端化的农业机械不断涌现，农业机械化发展取得显著成效，对减轻劳动强度、提高生产效率、活跃农村经济、保障粮食安全和乡村振兴发挥了重要作用。但同时，农机安全隐患较为突出，安全生产事故时有发生。因此，加强农机手的安全生产意识，提升农机手的驾驶操作技能，成为当前非常重要的工作。

　　本书紧密结合乡村振兴高素质农民人才需求，以提高农机手科技文化综合素质为目标，由理论水平高、实践经验丰富的农机行业人员共同编写而成。本书共八章，主要包括农机手的责任和素养、拖拉机的使用与维护、耕整地机械的使用与维护、播种机械的使用与维护、中耕机械的使用与维护、节水灌溉机械的使用与维护、植保机械的使用与维护、联合收割机的使用与维护。本书内容丰富、结构清晰、语言通俗，具有较强的科学性、实用性和时代性，对提升农机手的农机理论和操作技能具有很大帮助。

　　由于作者水平有限，再加上时间仓促，书中难免存在不足之处，欢迎广大读者批评指正。

编　者

2023 年 2 月

目　　录

第一章　农机手的责任和素养

第一节　农机手的责任

随着农业机械化的不断发展，大型化、智能化、高端化的农业机械不断涌现。农机手必须熟练掌握先进的驾驶操作技能，自觉遵守各项法律法规，担负起农业机械安全生产的责任。

一、自觉遵守法律法规

认真学习《中华人民共和国道路交通安全法》《中华人民共和国农业机械化促进法》《农业机械安全监督管理条例》《联合收割机跨区作业管理办法》等法律法规，自觉遵守相关法律法规，牢固树立安全作业意识，做一名学法、知法、守法的农机手。

二、严格遵守安全操作规程

熟练掌握所驾驶操作农业机械的性能及安全操作要点，严格按照安全操作规程，努力做到"六禁止"：一是禁止检验不合格的或无牌无证的农机具在道路上行驶；二是禁止长时间超负荷作业，拖拉机负荷应控制在 85% 为宜；三是禁止轮胎气压超过标准，拖拉机在恶劣环境下工作时，轮胎气压应低于标准气压 2%~3%，以防突然爆裂；四是禁止蓄电池通气孔堵塞，以免使用中产生的氢气和氧气在高温下膨胀受阻而爆炸；五是禁止随意拆卸调整机构，避免因提高发动机转速而造成农机事故的发生；六是禁止在堤坝上高速行驶、横坡行驶或下坡时分离离合器滑行。

三、养成良好的安全操作习惯

养成良好的农业机械安全操作习惯，主动做到"六不准"：一是不准酒后驾车和超载、越速作业；二是不准在通过繁华村口街道、交叉路口时高速行驶；三是不准在没有判断前车动向时超车；四是不准夜间行驶时高速会车；五是不准在视线不良的雨、雾、雪、风沙天和在坡顶、转弯时超车；六是不准肇事逃逸，一旦发生事故，首要任务是抢救受伤人员，并及时向有关部门报案。

四、保持良好的安全工作状态

努力提高驾驶操作和维护农业机械的技能，勤检查、勤保养，确保农业机械始终保持良好安全工作状态，自觉做好"三注意"：一是注意经常检查维修操作、转向、制动系统，防止失灵、失控；二是注意经常清洗冷却系统的水垢污泥，防止冷却系统失去功能；三是注意随时排除机车故障，重点检查喷油泵、变速箱等关键部件的工作情况、完好情况，避免机车带病作业，埋下事故隐患。

第二节　农机手的素养

农机手在承担起安全生产责任的同时，还应结合职业道德规范，提升自身素养。

一、爱岗敬业、乐于奉献

热爱自己的职业，全心全意为农民服务。为农业服务是农机手对职业价值的正确认识和对职业的真情表达，也是社会主义道德原则在职业道德上的集中表现。正因为如此，在各行各业的职业道德规范要求里，都把爱岗敬业、乐于奉献作为一项根本内容。

二、钻研业务、精益求精

社会主义职业道德不仅要求人们热爱本职工作，而且还要求在职人员努力掌握和精通本行业的专业和业务。特别是在当今世界新技术革命挑战面前，更要求人们刻苦钻研本职业务，对技术精益求精，这是做好本职工作的必备条件。农机手是技术性很强的职业，必须努力学习农业机械的构造及其使用、维护和操作技术，不断总结经验，提高工作水平。

三、忠于职守、勤恳工作

忠于职守就是要忠诚地对待自己的职业、岗位和工作；勤恳工作，就是要求每个人，不论从事什么职业，都要在自己的岗位上兢兢业业地工作，全心全意地做好工作，为社会主义现代化建设事业服务。农机手是为农业服务的工作，作业的及时性和技术的好坏关系着农作物的质量和品质。因此，忠于职守、勤恳工作对于农机手来说非常重要。

四、关心集体、团结互助

任何一个行业的工作，都要靠全体成员的共同努力和行业间的互相支持。个人的努力是集体发展的基础，只有把每个人的努力有机地结合在一起，才能完成集体的任务。行业内部的人与人之间、集体与集体之间，以及行业与行业之间的团结、互助、谅解、支援是职业实践本身的需要，也是职业道德的重要内容。农机手独立完成某项生产会非常困难，做到关心集体、团结互助才能适应越来越明显的农业生产规模化。

五、遵纪守法、维护信誉

作为公民，人人都要维护社会的生产秩序、生活秩序和工作秩序，养成遵纪守法的好风尚。同时，又要自觉抵制腐朽思想的侵袭，杜绝行业不正之风。农机手不但要遵守一般的法律、法规，还要遵守农业机械操作规程、农机安全监理规章，从而确保田间作业和道路运输的安全。

第二章　拖拉机的使用与维护

第一节　拖拉机概述

拖拉机是农业生产中重要的动力机械，用途广泛，与相应的农机具连接，可进行耕地、整地、播种、施肥、收割等田间作业，还可完成灌溉、脱粒、发电、农副产品的加工等作业。例如，拖拉机与挂车连接，可实现农产品的运输。

一、拖拉机的组成

拖拉机是两轮或两轮以上，由动力装置驱动，能够自由行走，主要用于牵引和动力输出的非轨道承载机械装置。

（一）发动机

发动机是拖拉机产生动力的装置，其作用是将燃料燃烧释放的热能转变成机械能，从而通过底盘的传动系统和行走系统驱动车辆行驶。目前，我国生产的农用拖拉机发动机大都采用柴油机。

（二）底盘

底盘是拖拉机传递动力的装置，其作用是将发动机的动力传递给驱动轮和工作装置使拖拉机行驶，并完成移动作业或固定作业。这个作用是通过传动系统、行走系统、转向系统、制动系统和工作装置的相互配合、协调工作来实现的，同时它们又构成了拖拉机的骨架和身躯。因此，上述四大系统和一大装置统称为底盘。也就是说，在拖拉机的整体中，除发动机和电气设备以外的所有其他系统和装置，统称为拖拉机底盘。

（三）电器

以利用车载电源电能的转化完成特定工作为其基本特征，由电源、用电器和配电设备 3 部分组成。用以完成启动、照明、信号等辅助任务。

（四）工作装置

拖拉机用于完成除行走以外的其他作业项目所设的装置总称。

二、拖拉机的分类

（一）按用途分类

按用途分类，农用拖拉机可分为以下 4 种。

1. 普通型拖拉机

应用范围广泛，适用于一般条件下的各种农田移动作业、固定作业和运输作业等，如奔野-250、泰山-250、上海-504 和铁牛-654 等型号拖拉机。

2. 园艺型拖拉机

主要用于果园、菜地、茶林等各项作业，它的特点是体积小、底盘低、功率小、机动灵活。

3. 中耕型拖拉机

主要用于中耕作业，也兼用于其他作业，具有较高的地隙和较窄的行走装置，可用于玉米、高粱、棉花等高秆作物的中耕。

4. 特殊用途拖拉机

主要用于特殊工作环境或有某种特殊需要的工作，如山地拖拉机、沤田拖拉机（船形拖拉机）、水田拖拉机和葡萄园拖拉机等。

（二）按结构特点分类

1. 轮式拖拉机

应用最为广泛，按驱动形式可分为两轮驱动与四轮驱动，前者的驱动形式代号用 4×2 来表示（分别表示车轮总数和驱动轮数），主要用于一般农田作业及运输作业；后者的驱动形式代号用 4×4 表示，主要用于土质黏重、负荷较大的农田作业及泥道运输作业等，具有较高的牵引效率。

2. 履带式拖拉机

主要用于土质黏重、潮湿地块的田间作业和农田水利、土方工程及农田基本建设，如东方红-802、东方红-1002 和东方红-1202 等型号拖拉机。

3. 手扶拖拉机

只有一根行走轮轴，一个驱动轮或两个驱动轮的轮式拖拉机。在农田作业时操作者多为步行，用手扶持操纵，习惯上称为手扶拖拉机。有些手扶拖拉机安装有用于支承及辅助转向的尾轮。

4. 船形拖拉机

主要用于沤田作业，船式底盘提供支承，桨式叶轮进行驱动。

（三）按功率大小分类

1. 小型拖拉机

功率≤22.1 kW（30 马力）。

2. 中型拖拉机

22.1 kW（30 马力）<功率<73.5 kW（100 马力）。

3. 大型拖拉机

73.5 kW（100 马力）≤功率<147.0 kW（200 马力）。

4. 重（特大）型拖拉机

功率≥147.0 kW（200 马力）。

三、国产拖拉机的型号

国产拖拉机型号由系列代号、功率代号、型式代号、功能代号和区别标志组成，其排列顺序如图 2-1 所示。

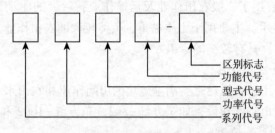

图 2-1　国产拖拉机型号构成示意图

1. 系列代号

用不多于 3 个大写汉语拼音字母（I、O 除外）表示，用以区别不同系列或不同设计的机型。如无必要，系列代号可省略。

2. 功率代号

用发动机标定功率值乘以系数 1.36 时取近似值，单位为 kW。

3. 型式代号、功能代号

常用农用拖拉机型号，如表 2-1、表 2-2 所示。

表 2-1　国产拖拉机的型式代号

型式代号	型式
0	后轮驱动四轮式
1	手扶式（单轴式）
2	履带式
3	三轮式或并置前轮式
4	四轮驱动式

（续表）

型式代号	型式
5	自走底盘式
6	预留
7	预留
8	预留
9	船形

表 2-2　国产拖拉机的功能代号

功能代号	功能
（空白）	一般农业用
G	果园用
H	高地隙中耕用
J	集材用
L	营林用
D	大棚用
E	工程用
P	坡地用
S	水田用
T	运输用
Y	园艺用
Z	沼泽地用
待定	其他

4. 区别标志

结构经重大改进后，可加注区别标志，区别标志用阿拉伯数字表示。例如，铁牛-654，表示铁牛牌、四轮驱动、65 马力的普通型轮式拖拉机。

第二节　拖拉机安全操作

一、拖拉机的启动

启动前应对柴油机的燃油、润滑油、防冻液等项目进行检查，并确认各部件正常，油路畅通且无空气，变速杆置于"空挡"位置，并将熄火拉杆置于"启动"位置，液压系统的油箱为独立式，应检查液压油是否加足。

（一）常温启动

先踩下离合器踏板，手油门置于中间位置，将启动开关顺时针旋至第 2 挡"启动"位置（第 1 挡为电源接通），待柴油机启动后立即复位到第 1 挡，以接通工作电源。若通电 5 s 内未能启动柴油机，应间隔 1~2 min 后再启动，若连续 3 次启动失败，应停止启动，检查原因。

（二）低温启动

在气温较低（-10 ℃以下）的情况下冷车启动时可使用预热器（有的机型装有预热器）。手油门置于中、大油门位置，将启动开关逆时针旋至"预热"位置，停留 20~30 s 再旋至"启动"位置，待柴油机启动后，启动开关立即复位，再将手油门置于怠速油门位置。

（三）严寒季节启动

按低温启动中介绍的方法仍不能启动时，可采取以下措施。

（1）放出油底壳机油，加热至 80~90 ℃后加入，加热时应随时搅拌均匀，防止机油局部受热变质。

（2）在冷却系统内注入 80~90 ℃的热水循环放出，直至放出的水温达到 40 ℃时为止。然后按低温启动步骤启动。

（3）严禁在水箱缺水或不加水、柴油机油底壳缺油的情况下启动柴油机。

（4）柴油机启动后，若将油门减小而柴油机转速却急剧上升，即为飞车，应立即采取紧急措施迫使柴油机熄火。可用扳手松开喷油泵通向喷油器高压油管上被拧紧的螺母，切断油路或拔掉空气滤清器，堵住进气通道。

二、拖拉机的起步

（一）拖拉机起步

起步时应检查仪表及操纵机构是否正常，驻车制动操纵手柄是否在车辆行驶位置，并观察四周有无障碍物，切不可慌乱起步。

（二）挂农具起步

如有农具挂接的情况，应将悬挂农具提起，并使液压控制阀位于车辆行驶的状态。

（三）起步操作

放开停车锁定装置，踏下离合器踏板，将主、副变速杆平缓地拨到低挡位置，然后鸣喇叭，缓慢松开离合器踏板，同时逐渐加大油门，使拖拉机平稳起步。

上、下坡之前应预先选好挡位。在陡坡行驶的中途不允许换挡，更不允许滑行。

三、拖拉机的换挡

（一）拖拉机的挂挡

拖拉机在行驶的过程中，应根据路面或作业条件的变化变换挡位，以获得最佳的动力性和经济性。为了使拖拉机保持良好的工作状况，延长拖拉机离合器的使用寿命，驾驶员在换挡前必须将离合器踏板踩到底，使发动机的动力与驱动轮彻底分开。此时换入所需挡位，再缓慢松开离合器踏板。

拖拉机改变进退方向时，应在完全停车的状态下进行换挡。否则，将使变速器产生严重机械故障，甚至使变速器报废。拖拉机越过铁路、沟渠等障碍时，必须减小油门或换用低挡通过。

（二）行驶速度的选择

正确选择行驶速度，可获得最佳生产效率和经济性，并且可以延长拖拉机的使用寿命。拖拉机工作时不应经常超负荷，要使柴油机有一定的功率储备。对于田间作业速度的选择，应使柴油机处于80%左右的负荷下工作为宜。

田间作业的基本工作挡如下：犁耕时常用2、3、4挡，旋耕时常用1、2挡或爬行6、7、8挡，耙地时常用3、4、5挡，播种时常用3、4挡，小麦收割时常用3挡，田间道路运输时常用6、7、8挡，用盘式开沟机开沟（沟的截面积为0.4 m^2 时）时常用爬行1挡。

当作业中柴油机声音低沉、转速下降且冒黑烟时，应换低一挡位工作，以防止拖拉机过载；当负荷较轻而工作速度又不宜太快时，可选用高一挡小油门工作，以节省燃油。

拖拉机转弯时必须降低行驶速度，严禁在高速行驶中急转弯。

四、拖拉机的转向

拖托机转向时应适当减小油门，操纵转向盘实现转向。当在松软土地或在泥水中转向时，要采用单边制动转向，即使用转向盘转向的同时，踩下相应一侧的制动踏板。

轮式拖拉机一般采用偏转前轮式的转向方式，特点是结构简单、使用可靠、操纵方便、易于加工且制造、成本低廉。其中前轮转向方式最为普遍，前轮偏转后，在驱动力的作用下，地面对两前轮的侧向反作用力的合力构成相对于后桥中点的转向力矩，致使车辆转向。

手扶式拖拉机常采用改变两侧驱动轮驱动力矩的转向方式，切断转向一侧驱动轮的驱动力矩，利用地面对两侧驱动轮的驱动力差形成的转向力矩而实现转向。

手扶式拖拉机的转向特点是转弯半径小，操纵灵活，可在窄小的地块实现各种农田作业，特别是能使水田的整地作业更为方便。

五、拖拉机的制动

制动时应先踩下离合器踏板，再踩下制动器踏板；紧急制动时应同时踩下离合器踏板和制动器踏板，不得单独踩下制动器踏板。

制动的主要作用是迫使车辆迅速减速或在短时间内停车；还可控制车辆下坡时的车速，保证车辆在坡道或平地上可靠停歇；并能协助拖拉机转向。拖拉机的安全行驶很大程度上取决于制动系统工作的可靠性。因此，要求拖拉机具有足够的制动力，良好的制动稳定性（前、后制动力矩分配合理，左、右轮制动一致），操纵轻便、经久耐用、便于维修，具有挂车制动系统，挂车制动应略早于主车（当挂车与主车脱钩时，挂车能自行制动）。

六、拖拉机的倒车

拖拉机在使用中经常需要倒车，特别是拖拉机连接挂车、换用农具时都要用到拖拉机的倒车过程。上述的挂接过程中易出现人身伤亡事故，应特别引起驾驶员的注意。挂接时一定要用拖拉机的低速挡操作，要由经验丰富的驾驶员来完成。

七、拖拉机的停车

拖拉机短时间内停车可以不熄火，长时间停车应将柴油机熄火。熄火停车的步骤：减小油门，降低拖拉机速度；踩下离合器踏板，将变速杆置于"空挡"位置，然后松开离合器；停稳后使柴油机低速运转一段时间，以降低水温和润滑油温度，不要在高温时熄火；将启动开关旋至"关"的位置，关闭所有电源；停放时应踩下制动器踏板，并使用停车锁定装置。

冬季停放时应排空防冻液，以免冻坏缸体和水箱。

八、拖拉机道路驾驶

驾驶员在开车前应对拖拉机进行认真检查和准备。乡村道路条件差，过村庄、桥梁、田埂较多时，驾驶员要小心安全驾驶。

（一）白天道路驾驶技能

1. 掌握好驾驶速度

应根据车型、道路、气候、载重、来往车辆，以及行人状态确定车速。要严格遵守安全交通规则的限速规定，正常大中型拖拉机行驶速度约 30 km/h，最高车速不准超过 40 km/h。严禁采用调整调速器、换加大皮带轮等方法提高车速。

2. 掌握好车间距离

车与车应保持一定的距离，车距的大小与当时的气候、公路条件和车速等因素有关。正常平路行走车距保持在 30 m 以上，坡路、雨雪天气车距保持在 50 m 以上。

3. 转弯

转弯时必须减速、鸣喇叭、开转向灯、靠右行。

4. 会车

会车时要严守交通规则，并减速靠右行。两车之间的侧向间距最短要大于 1 m。若拖拉机带有拖车会车时，应提前靠右行驶，使拖拉机与拖车在一条直线上。

5. 超车

在超车前要看后面有无车辆超车，被超车的前面有无前行的车辆和有无迎面来的车辆，判断前车速度及道路许可情况下，然后向前车左侧接近，打开左转向灯、鸣喇叭，加速从前车的左边超越，超车后，距被超车辆 20 m 以上再驶入正常行驶路线。发现后面的车辆鸣喇叭示意超车时，在道路和交通情况允许情况下，主动减速靠右行，鸣喇叭示意让后面的车辆超车。

（二）夜间驾驶技能

夜间驾驶，灯光照射范围和亮度小，视线不好，有时灯光闪动，看地形与保持正确行驶方向比较困难，还会造成错觉。夜间安全驾驶更需要认真做好准备工作，严格遵守交通规则，掌握好驾驶技能。

1. 夜间驾驶道路的识别方法

（1）以发动机的声音及拖拉机的灯光了解道路。车速自动变慢和发动机声音变闷时，是行驶阻力增大，机车正在爬缓坡或驶入松软路面。相反，车速加快和发动机声音变得轻快，是行驶阻力变小或在下坡。灯光离开地面时，前方可能出现急转弯、大坑、大下坡或者是上坡顶。灯光由路中间移向路侧面时，说明前方出现弯路。若灯光从公路的一侧移向另一侧时，则是驶入连续弯道。灯光照在路面上时，路面的不平遮挡灯光照射，前方路面会出现黑影。

（2）以路面的颜色了解道路。若夜间没有照明，走的是碎石路面，无月夜，路面是深灰色，路外是黑色；有月夜，路面是灰白色，积水处是白色。雨后的路面是灰黑色，坑洼、泥泞处是黑色，积水处是白色。雪后，车辙是灰白色。

2. 夜间驾驶要注意的事项

一是防止瞌睡；二是注意路上行人；三是车速要慢；四是增加车间距离，严防追尾；五是尽量避免超车；六是会车要远近灯结合。

（三）特殊路段驾驶技能

1. 掌握好城区道路驾驶技能

城区道路人较多，街道纵横交错，但道路标志、标线设施和交通管理较好。进到城区，要知道城区道路交通情况，如限制拖拉机通行的路线不能进入，必须按规定的路线和时间行驶。看清道路交通标志，各行其道，不准闯红灯。随时做好停车准备，停车要停在停车线以内。转弯时要打转向灯。

2. 掌握好乡村道路驾驶技能

乡村道路窄、质量差，要低速驾驶。过村庄、学校、乡镇企业门口时，要防备行人、车辆以及突然窜到路面的牲畜，避免发生事故。

3. 掌握好过铁路、桥梁、隧道时的驾驶技能

过有看守人的铁道路口时，要看道口指示灯或看守人员的指挥手势；过无人看管的铁道路口时，要朝两边看一下，在无火车通过时再低速驶过铁道路口，中途不能换挡。万一拖拉机停在铁路上，应尽快将拖拉机移出铁轨。过桥梁要靠右边行驶，低速通过。过隧道时，检查拖拉机装载高度是否超出隧道的限高，若能过则要打开灯光、鸣喇叭、低速通过。

（四）紧急情况驾驶技能

发生交通事故，都是由突然情况所致。

1. 当遇到爆胎时

应双手紧握方向盘，防止方向盘自行转动，控制拖拉机直线行驶方向，有转向时不要过度校正。在控制住方向的情况下，轻

踩制动踏板使拖拉机缓慢减速，慢慢地将拖拉机靠路边停住。切忌慌乱中向相反方向急转方向盘或急踩制动踏板，否则将发生"蛇形"驾驶或侧滑，导致翻车或撞车重大事故。

2. 当遇到倾翻时

若是侧翻，应双手紧握转向盘，双脚勾住踏板，背部紧靠座椅靠背，尽力稳住身体，随车一起侧翻；若路侧有深沟导致连续翻滚，则应尽量使身体往座椅下躲缩，抱住转向杆避免身体在车内滚动，也可跳车逃生。跳车的方向应向翻车相反方向或运行的后方。落地前双手抱头，蜷缩双腿，顺势翻滚，自然停止。若是感到被甩出车外则毫不犹豫地在甩出的瞬间，猛蹬双腿，助势跳出车外。

3. 当遇到撞车时

首先应控制方向，顺前车或障碍物方向，极力改正面碰撞为侧撞，改侧撞为刮擦，以减轻损失程度。

4. 当遇到转向失控时

若能保持直线行驶状态，并且前方路况允许拖拉机保持直线行驶时，要轻踩制动踏板，轻拉制动操纵杆，慢慢地停下来。若已偏离直线行驶方向时，事故无可避免，则应果断地连续踩下制动踏板，尽快减速停车，减轻撞车力度。

5. 当遇到突然熄火情况时

应连续踩 2~4 次油门踏板，转动点火开关，再次启动。若启动成功，要停车检查，排除故障后再继续行驶。若再次启动失败，应打开右转向灯，利用惯性操纵方向盘，使拖拉机缓慢驶向路边停车，打开停车警示灯，检查熄火原因，排除故障。

6. 当遇到下坡制动失效时

若是宽阔地带可迂回减速、停车，最好是利用道路边专设的紧急停车道停车。若没有上述条件，则应抬起油门踏板，从高速挡越级降到低速挡，用发动机牵阻使车速降低，慢慢开到能修车的位置，停车检修。若车速还较快，可逐渐拉紧主车制动器操纵杆，逐步阻止传动机件旋转，达到停车目的。若以上措施仍无法有效控制车速，事故无法避免时，则应果断将车靠向山坡一侧，利用车厢一侧与山坡靠拢碰擦从而减速；若车厢无法与山坡碰擦，则只能利用车前保险杠斜向撞击山坡，迫使拖拉机停车，以达到减小事故的目的。

第三节　拖拉机故障诊断

一、故障产生原因

拖拉机零件的技术状况，在工作一定时间后会发生变化，当这种变化超出了允许的技术范围，而影响其工作性能时，即称为故障。如发动机动力下降、启动困难、漏油、漏水、漏气、耗油量增加等。拖拉机产生故障的原因是多方面的，零件、合件、组件和总成之间的正常配合关系受到破坏和零件产生缺陷是主要的原因。

（一）零件配合关系的破坏

零件配合关系的破坏主要是指间隙或过盈配合关系的破坏，如缸壁与活塞配合间隙增大，会引起窜机油和气缸压力降低；轴颈与轴瓦间隙增大，会产生冲击负荷，引起振动和敲击声；滚动轴承外环在轴承孔内松动，会引起零件磨损，产生冲击响声等。

（二）零件间相互位置关系的破坏

零件间相互位置关系的破坏主要是指结构复杂的零件或基础件，如拖拉机变速器壳体变形、轴承孔沿受力方向偏磨等，都会造成有关零件间的同轴度、平行度、垂直度等超过允许值，从而产生故障。

（三）零件、机构间相互协调性关系的破坏

零件、机构间相互协调性关系的破坏主要是指汽油机点火时间过早或过晚，柴油机各缸供油量不均匀，气门开、闭时间过早或过晚等。

（四）零件间连接松动和脱开

零件间连接松动和脱开主要是指螺纹连接及焊、铆连接松动和脱开。例如，螺纹连接件松脱、焊缝开裂、铆钉松动和铆钉剪断等都会造成故障。

（五）零件的缺陷

零件的缺陷主要是指零件磨损、腐蚀、破裂、变形引起的尺寸、形状及外表质量的变化。例如，活塞与缸壁的磨损、缸体与缸盖的裂纹、连杆的扭弯、气门弹簧弹力的减弱和油封橡胶材料的老化等。

（六）使用、调整不当

拖拉机由于结构、材质等特点，对其使用、调整、维修保养应按规定进行。否则，将造成零件的早期磨损，破坏正常的配合关系，导致损坏。

综上所述，不难得出产生故障的原因有以下两点。一是使用、调整、维修保养不当造成的故障。这是经过努力可以完全避免的人为故障。二是在正常使用中零件缺陷产生的故障，这属于零件的一种自然恶化过程。此类故障虽不可避免，但掌握其规律，可以减少其危害而延长拖拉机的使用寿命。

二、故障诊断方法

（一）拖拉机故障的外观现象

拖拉机出现故障后往往表现出一个或几个特有的外观现象，而某一现象可以在几种不同的故障中表现出来。这些现象具有可听、可嗅、可见、可触摸或可测量的特点。概括起来有以下 5 种。

（1）作用反常，如发动机启动困难、拖拉机制动失效、主离合器打滑、发电机不发电、拖拉机的牵引力不足、燃油或机油消耗过多、发动机转速不正常等。

（2）声音反常，如机器发出不正常的敲击声、放炮声等。

（3）温度反常，如发动机的水箱开锅、轴承过热、离合器过热、发电机过热等。

（4）外观反常，如排气冒白烟、黑烟或蓝烟，各处漏油、漏水、漏气，灯光不亮，零件或部件的位置错乱，各仪表的读数超出正常的范围等。

（5）气味反常，如发出摩擦片烧焦的气味等。

拖拉机故障产生的原因是错综复杂的，每一个故障往往可能由几种原因引起。因此，进行故障分析的人，为了得到正确的结果，应加强调查研究，充分掌握有关故障的外观现象。

（二）慢性原因与急性原因

在掌握故障的基本现象以后，就可以对具体的现象进行具体分析。在分析时，必须综合该型号拖拉机的构造，联系机器及其部件的工作原理，全面、具体而深入地分析可能产生故障的各种原因。

分析现象应当由表及里，透过表面现象寻找内在的原因。查找故障的起因则应当由简单到烦琐，也就是先从最常见的、可能性较大的起因查起，在确定这些起因不能成立以后，再检查少见的、可能性较小的起因。据此可以考虑导致故障的是慢性原因还是急性原因。

故障产生的慢性原因一般为机械磨损、热蚀损、化学锈蚀、材料长期性塑性变形、金相结构变化，以及零件由于应力集中产生的内伤逐渐扩大等。这些慢性原因在机器运作的过程中长期起作用，因而可能逐渐形成各种故障现象，其程度也可能是逐渐增加的。但是，在不正确进行技术维护和操纵机器的条件下，故障就会加速形成。

故障产生的急性原因是各式各样的，例如，供应缺乏（散热器缺水、燃油箱缺油、油箱开关未开、蓄电池亏电、蓄电池极桩松动或接触不良等）、供应系统不通（油管及通气孔堵塞、滤清器堵塞、电路的短路或断路等）、杂物的侵入（燃油中混入水、燃油管进入空气、电线浸油与浸水、滤网积污等）、安装调整错乱（点火次序、气门定时的错乱等）。急性原因带有较大的偶然性，常常是由于工作疏忽或保养不当引起的。一经发作，机器便不能启动或工作。这类故障一般是比较容易排除的。

（三）分析故障的基本方法

故障现象是故障在一定工作时间内的表现，当变更工作条件时，故障现象也随之改变。只在某一条件下，故障现象表露得最明显。因此，分析故障可采用以下方法。

1. 轮流切换法

在分析故障时，常采用断续地停止某部分系统的工作，观察现象的变化，以判断故障的部位所在。例如，断缸分析法，轮流切断各缸的供油或点火，观察故障现象的变化，判明该缸是否有故障，如发动机发生断续冒烟情况，但在停止某一缸的工作时，此现象消失，则证明此缸发生故障。又如在分析底盘发生异常响声时，可以分离转向离合器，将变速杆放在空挡或某一速挡，并分离离合器，可以判断异常响声发生在主离合器前还是主离合器后，发生在变速器还是中央传动机构。

2. 换件比较法

分析故障时，如果想搞清某一部件或是零件故障的起因，可用技术状态完好的新件或修复件替换，并观察换件前后机器工作时故障现象的变化，判断原来部件或零件是否存在故障。分析发动机时，常用此法对喷油器或火花塞进行检验。在多缸发动机中，有时将两缸的喷油器或火花塞进行对换，看故障部位是否随之转移，以判断部件是否产生故障。为了判断拖拉机或发动机某些声响是否属于故障声响，有时采用另一台技术状态正常的拖拉机或发动机在相同工作规范的条件下进行对比。

3. 试探反证法

在分析故障原因时，往往进行某些试探性的调整、拆卸，观察故障现象的变化，以便查询或反证故障产生的部位。例如，排气冒黑烟，结合其他现象分析结果怀疑是喷油器喷射压力降低，在此情形下可稍稍调整喷油器的喷射压力；如果黑烟消失，发动机工作转为正常，即可断定故障是由于喷油器喷射压力过低造成的。又如怀疑活塞气缸组磨损，可向气缸内注入机油，如气缸压缩状态变好，则说明活塞气缸组磨损属实。

当几种不同原因的故障现象同时出现时，综合分析往往不能查明原因，此时用试探反证法应更有效。但必须遵守少拆卸的原则，只在确有把握能恢复原状态时才能进行必要的拆卸。

第四节　拖拉机维护保养

一、主要部件维护

（一）蓄电池的维护

1. 免维护蓄电池的维护保养

免维护蓄电池平时不需要特殊维护。观察液体比重计观察孔显示：绿色为电池电量充足；黑色为电量不满；白色为电池基本无电。蓄电池观察孔出现黑色显示时需进行补充充电；观察孔出现白色显示时需更换蓄电池。

2. 免维护蓄电池使用和保养注意事项

（1）蓄电池应存放在温度为 5~40 ℃的干燥、清洁及通风良好的场所。

（2）应不受阳光直射，离热源（暖气设备等）不得少于 2 m。

（3）应防止雨淋及灰尘等杂质，避免外部短路放电。

（4）不得倒置、倾斜、卧放，避免受任何机械冲击或重压。

（5）蓄电池必须充足电贮存，不能亏电贮存。

（6）每 3 个月应对电池电压检查 1 次，当电压低于 12.5 V 时，应该及时补充充电，避免长期贮存后充电困难，影响蓄电池寿命。

（7）电池使用或存放时，应经常检查排气孔是否畅通，以防电池变形或炸裂。

（8）充、放电过程中，应保证环境通风良好，及时排出酸雾及充电过程中产生的可燃气体，使室内空气较为新鲜，以减少酸类物质对人员和设备的侵蚀，并避免可燃气体引燃。

（9）经常检查蓄电池盖板上的荷电密度计的颜色，并根据颜色进行保养、维护和更换。

3. 充电方式

通常充电种类有恒流充电、恒压限流充电等，对于免维护蓄电池建议采用恒压限流充电。

（1）恒流充电，以 0.1 C 20 A 电流即 12 A 电流充电至蓄电池电压为 16 V 后，改用 0.05 C 20 A 电流即 6 A 电流再继续充电。当蓄电池电压连续稳定 1~2 h 不变时充电结束（两次电压的差值<0.03 V），或者充电至蓄电池电压达到 16 V 后继续改用 6 A 电流充电 3~5 h，充电结束。

（2）恒压限流充电，恒压 14.8~15.5 V，最大电流不能超过 0.25 C 20 A 即 30 A。当充电电流≤0.5 A 后继续充电 3 h 即可，总充电时间控制在 24 h 内。

（二）行驶制动器油箱的检查和维护

行驶制动器油箱设置于机罩支架的右侧，正常时制动液面应高出中间凸台 10~15 mm，当低于此值时应找出漏油原因并排除，然后补充加油。

（三）液压转向油箱的检查和维护

液压转向油箱设置于发动机上端。打开油箱盖（带油尺），观察油尺上是否有油痕，如无油痕，说明转向油箱内油量不足，应检查并找出漏油原因，然后拆下油箱补充加油至油尺的中间刻线，再装回原位。检查时应系统查验并确保液压转向油缸、油管及接头各处均未漏油，否则易造成转向不灵，油箱内滤网应定期清洗或更换。

在检查油面时，应同时检查油箱盖上面中心位置的通气阀（铆钉状）起落是否灵活，如有油污影响起落应清洗干净。

（四）油浴式空气滤清器的保养

打开滤清器下部搭钩，将底部油盆拆下，倒掉脏油，并用煤油或柴油清洗干净，同时清洗滤芯，再加入新的机油至油面高度，最后重新安装好。

（五）干式空气滤清器的使用与保养

当干式空气滤清器的堵塞报警灯亮时，必须对其滤芯进行保养。

空气滤清器的保养间隔时间应根据所使用环境的灰尘情况进行维护保养。灰尘多时，推荐每班保养 1 次。

每天或在添加燃油时，应检查设备以确保所有空气滤清器和发动机之间相连接的接头都密封良好，包括所有软管接头和空气滤清器壳体的端盖。发现任何裂缝都应立即修复，并记录在机器维护保养记录中。

内置干式空气滤清器滤芯共分 2 级：一级滤芯和安全滤芯。在维护时，应小心拆卸一级滤芯，避免灰尘掉入滤清器壳体内。推荐每当一级滤芯更换次数达到 3 次时，应更换安全滤芯。如果安全滤芯看起来很干净，且不到更换日期，则不要松动碟形锁母，不要改变安全滤芯的安装状态。

当发现需要更换安全滤芯时，检查碟形锁母并确保它处于紧固状态。此时先不要松动锁母，在仍装有旧安全滤芯的时候，清洗滤清器壳体，清除那些已从安全滤芯掉落在壳体内的灰尘。切勿使用压缩空气来清洗空气滤清器的壳体。

更换安全滤芯时，拆卸碟形锁母和垫片，小心地从壳体内取出滤芯。安装新的安全滤芯之前，用一块干净、潮湿的布擦拭安全滤芯的安装表面。

检查每个新空气滤清器，确保新空气滤清器的型号正确。检查空气滤清器的内外是否有裂损褶痕、裂损的衬里或损坏的垫圈。如果发现任何损坏，要丢掉受损件，安装新滤芯，并用垫片和碟形锁母紧固。确保新的空气滤清器橡胶垫圈安装在碟形锁母和滤芯之间，同时确保安装了进气阻力指示器。

按照相反的顺序，重新组装空气滤清器。安装端盖，并在紧固卡箍或碟形锁母之前，确保端盖定位、落座准确。

（六）风扇胶带张紧度的调整

用大拇指下压风扇胶带中间部位，施加的力为 29.4 ~ 49.0 N，其下压距离为（15±3）mm，如不符合此要求，应进行调整，其方法为松开发电机调节支架上的固定螺母，向外侧扳动发电机，使胶带张紧，再拧紧发电机支架上的固定螺母。

（七）发动机油底壳油量的检查及换油

拔出位于发动机油底壳左前方的油尺，检查油面高度是否在上下刻线之间。若油面达不到下刻线，则应取下发动机正时齿轮室盖上的加油口盖进行加油。

在保养换油时，应拧下油底壳下部的放油螺塞，排空脏油并清洗干净，然后重新加注新油。

（八）前桥的保护

按维护保养要求对主销套管、前桥中央摆销套管、转向油缸两端球形接头、横拉杆球头处加注润滑脂，检查横拉杆球销螺母及油缸两端销钉螺母是否松动。

（九）燃油滤清器的保养

发动机采用2级滤清器串联。纸质滤芯不允许清洗，磨合期结束后发动机每工作200 h后更换第1级滤芯。更换时可将第2级滤芯装在第1级内，在第2级内换上新滤芯。

（十）旋装式机油滤清器的保养

旋装式机油滤清器位于发动机左下侧，磨合期结束后发动机每工作200 h后应按技术要求更换。

旋装式机油滤清器的更换采用整体更换，安装时必须拧紧。

（十一）液压滤清器的保养

液压吸油滤清器位于发动机右侧下方。保养按技术要求进行，方法如下：旋开液压吸油滤清器后端盖，取出网式滤芯，用汽油清洗干净并用压缩空气吹净。当滤芯难以清洗干净或损坏时，应更换新滤芯。液压回油滤清器位于提升器壳体左侧，每工作200 h应进行清洗，当滤芯难以清洗干净或损坏时，应更换新滤芯。

（十二）前驱动桥末端传动油面检查

前驱动桥末端传动油面检查螺塞位于前轮毂，使螺塞口处于水平位置，加注新机油至螺塞口。

（十三）前驱动桥主销的润滑

前驱动桥中间摆轴两端各有 1 个油杯，要定期加注润滑脂，一般每工作 50 h 加注 1 次。

（十四）传动箱的保养

检查油面时，要将拖拉机停放在水平地面上，将发动机熄火，拧出位于后桥壳体左后侧的油尺，擦拭干净，然后将油尺插入油面。如果油面低于油尺的下刻线，应补加传动油至油尺上下刻线之间（应在加机油 5 min 后测量）。更换润滑油时，卸掉位于传动箱底部的放油螺塞，排空脏油，并用柴油清洗，然后把放油螺塞拧紧，加注新机油。

（十五）提升器的保养

将拖拉机停放在水平地面上，将提升臂下降至最低位置，发动机熄火，拧下提升器上盖上的油尺，检查油面高度，如果低于下刻线应补充加油至上下刻线之间。更换液压油时应将螺塞卸掉排空脏油，清洗干净后，按要求加注新机油。

（十六）燃油箱的保养

将拖拉机停放在水平地面上，发动机熄火，卸掉燃油箱下面的放油螺塞，放出油箱底部的沉积物。

油箱具有贮存油料、沉淀水分和杂质的作用，使用中应定期进行清洗，清除污物。

（十七）发动机冷却系统的保养

发动机用冷却液可以是冷却水，也可以是防冻液。防冻液的有效期为 2 年，超过此期限应更换并冲洗冷却系统，然后再加入新的防冻液。

1. 散热器的使用注意事项

（1）发动机启动前，首先检查散热器中冷却水是否已经加满，有无漏水，散热器盖是否扣紧。

（2）经常检查散热器芯体部位有无杂草、灰尘、油污等堵塞，并进行清除。

（3）定期清除冷却系统中的水垢，以保证散热作用。

（4）按时检查节温器性能是否良好，否则会影响冷却水的循环，而降低冷却效果。

2. 冷却系统的清洗

散热器外部清洗前，先将杂草、杂物进行清除，再用温水（或水蒸气）将芯体进行湿润后，用压缩空气将其吹干。

拆下清洗时，采用洗涤剂浸洗，使用浓度为 1%～2% 水溶液浸泡。液温在 80～100 ℃，散热器在溶液中不断摇动，使脏污易于脱落，然后用清水冲洗干净。

3. 冷却系统水垢的清洗

以每 10 L 水中加 750 g 苛性钠和 150 g 煤油比例的溶液加满冷却系统。发动机以中速运转 5～10 min，将溶液停留 10～12 h，然后重新启动发动机以中速运转 20 min 后，停机放出清洗液。待发动机冷却后把水管插入水箱进行冲洗，这时应将水箱底部的放水阀打开。清洗后关上放水阀，并加水让发动机运转数分钟后再把水排空。待发动机冷却后，再按规定添加新的冷却水。

4. 注意事项

（1）在冬季寒冷地区，使用冷却水的发动机对于夜间停车和长时间熄火停放的拖拉机待水温下降至 60 ℃ 以下时，在发动机怠速运转情况下应把冷却水排空，以免防冻液结冰将机体冻裂。

（2）正确使用防冻液，防冻液不同的配比成分、浓度，其防冻能力不一样。防冻液随使用时间的增加，防冻能力下降；长效防冻液的使用期限一般为 2 年；不同型号的防冻液不要混合使用，以免引起化学反应，降低使用效果；防冻液中乙二醇有毒，切勿用口吸。为了防止散热器芯体的水管内部堵塞以及产生水垢的现象，一定要使用正规厂家生产的防冻液。

（3）散热器不得与任何酸、碱或其他腐蚀性物质接触，以免腐蚀散热器。

（4）散热器安装、清洗时注意防止损坏散热带和碰伤散热管。

（十八）各种呼吸器的维护保养

拖拉机停机后，将各种呼吸器逐个拆下，用干净的柴油清洗，清洗后再装回车上，装配时注意排除油路中的空气。

二、技术保养周期

在机器正常使用期间，经过一定的时间间隔采取的检查、清洗、添加、调整、紧固、润滑和修复等技术性措施的总和称为技术保养，这个间隔就称为保养周期。把保养周期、保养周期的计量单位以及保养内容用条例的形式固定下来就叫保养规程。每一种型号的拖拉机都有自己的保养规程，由拖拉机制造企业制定并写在使用说明书里。

目前，技术保养可分为：日常保养、一级保养、二级保养和三级保养。

（一）日常保养

驾驶员在每次出车前要对机车进行全面、细致的检查。包括柴油、机油、液压油、制动液、防冻液等是否加足，有无渗漏的情况；检查整个轮胎气压是否正常；发动机启动后，在不同转速下工作是否正常；查看仪表、灯光、喇叭、雨刷器、指示灯是否正常；检查各连接部件是否紧固；查看蓄电池接线柱是否干净、接线是否紧固；查看随车所用修理工具是否配齐。另外，要注意在发动机启动后，出车前以怠速的状态自行运转 4~6 min，好让润滑油在升温后充分进入各个运行部件，同时测试离合器、制动器及转向器是否运用自如。驾驶员在行驶中要随时注意观察各个仪表的指示情况，倾听发动机与机车底盘的声音。驾驶员沿途停车时随时查看轮毂、制动鼓、变速箱及后桥的温度是否有异常；查看传动轴、钢板弹簧、轮胎的状态和紧固及磨损情况。停车后必要时要及时清洁车辆，并认真细致地检查一遍各连接紧固件是否有松动、脱落的现象发生，如有发现及时进行紧固或补换。驾驶员离车时断掉电源，如果是在冬季寒冷的室外，不要忘记放掉冷却水。

（二）一级保养

拖拉机每工作 10~12 h 就要进行 1 次一级保养。其中包括：清除干净空气滤清器集尘盒里的尘埃和进气管周围的泥土；查看蓄电池内的电解液是否需要补充，接线处是否有泥垢需要清除，并对导线接头实施紧固；检查并清除发动机、启动机电刷、整流子上的污垢；查看喷油泵调速系统中的油位是否正常；检查方向盘自由行程、转向器间隙、制动器蹄片间隙、制动总泵等有无异常；查看各主要部件的紧固情况并进行适当调整；查看各部件是否有漏油、漏水和漏气的情况，如有发现立即进行修复；查看各轮胎气压有无异常，并进行及时调整；查看全车所有润滑部位，并及时进行注油润滑。

（三）二级保养

按规定要求，拖拉机工作 5~7 天就要进行 1 次二级保养。二级保养的主要内容：先将空气滤清器的油盘取下，再取出滤芯并用干净的柴油将滤芯内污垢仔细清洗，然后用压缩空气吹干吹净，同时更换油盘内的机油；查看风扇胶带的紧固程度，如紧固度不够，可调整电机上的紧固螺栓，如需要可更换新的风扇胶带；将蓄电池彻底擦净并清除极柱上存留的氧化物，疏通通气孔，及时补充电解液；检查并正确调整发动机气门间隙、离合器分离杠杆与分离轴承的端面间隙；检查油封的密封情况，需要更换密封性差的油封；检查轮胎的磨损状况，最好将各车轮的位置进行重新调换；检查各个部位的润滑点并进行 1 次全面的注入。

（四）三级保养

一般情况下，拖拉机在工作 1 个月左右后，就要进行 1 次三级保养。其主要内容包括：详细检查连杆轴承与曲轴轴承的径向间隙以及曲轴的轴向间隙并进行必要的调整；彻底检查清洗活塞、活塞环、气缸的磨损状况，有问题及时更换；仔细检查传动轴、万向节、前轴、后桥等部位是否有较为严重的磨损或有无裂纹，如发现马上处理或更换；检查各齿轮啮合状况以及磨损程度，同时调整主传动的综合间隙；检查并调整发动机调节器及大灯光束；查看变速箱和后桥壳内油位并进行必要的补充；检查清洗润滑系统并及时放出机器底壳机油；清洗柴油滤清器并更换其滤芯；检查离合器和制动器的踏板自由行程是否正常；检查整个电气设备是否完好无损，工作是否正常。

三、季节保养要领

（一）春季保养

春季备耕生产时，拖拉机也将投入到生产之中。由于拖拉机在冬季放置时间较长，作业前应进行一次全面的维护和保养，才能保证拖拉机的正常工作。

（1）清除拖拉机各处的泥土、灰尘、油污。检查各排气孔是否畅通，如有堵塞将其疏通。

（2）检查各处零部件是否松动，特别是行走部分及各易松动部位要重新加固。

（3）检查转向、离合、制动等操纵装置及灯光是否可靠，检查三角带的张紧度是否合适。

（4）清洗柴油箱滤网、清洗（或更换）柴油滤清器，保养空气滤清器。

（5）检查发动机、底盘等各处有无异常现象和不正常的响声，有无过热、漏油、漏水等现象，并及时排除。

（6）更换与气温相适宜的机油和齿轮油，同时清洗机油集滤器，更换机油滤芯。放油时要趁热排空，最好用柴油清洗油底壳、油道和齿轮箱。

（7）检查气门间隙、供油时间、喷油质量，不合适时应调整。

（8）启动发动机使拖拉机工作，再全面检查各部分的工作情况，发现问题及时排除，必要时进行修理。

（二）夏季保养

（1）夏季避免拖拉机长时间暴晒或雨淋。未作业和暂时闲置的拖拉机应停放在干燥通风处，否则机体会因风吹雨淋、太阳暴晒造成油漆面失去光泽，甚至起泡、脱落。长时间暴晒还会导致轮胎老化，甚至发生破裂，缩短使用寿命。

（2）充气不宜过多。夏季轮胎充气过多时，气体受热膨胀易导致内胎破裂，因此，夏季轮胎的充气压力最好比规定值低 3%。

（3）及时更换润滑油。夏季应换用黏度较大的润滑油。

（4）热车不可骤加凉水。夏季作业时，冷却系统开始强制循环，冷却系统中的冷却水消耗较快，在作业中应注意多检查水位，不足时应及时添加清洁的软冷却水。当水温超过 95 ℃时要停车卸载，不可立即熄火使发动机骤停，可用发动机空转的方法降温。在机车运行过程中，如果遇到水箱沸腾或需要加水时，不能骤加冷水，以防气缸盖和气缸套爆裂，此时应停止作业，待水温降低后再适当添加清洁软水。

（5）及时清洗冷却系统，防止漏水。夏季到来之前，要对冷却系统进行 1 次彻底的除垢清洁工作，使水泵、散热器和水管保持畅通，保证冷却水的正常循环。可按 1 L 水加 75~80 g 碱水的比例加满冷却系统，让发动机工作 10 h 后全部放出，并用清洁水冲洗干净。此外，还要将黏附在散热器表面的杂草及时清除干净。

（6）保持蓄电池通气孔畅通。通用蓄电池在使用中会生成氢气或氧气，这些气体在高温下膨胀，如果通气孔堵塞，会引起电瓶破裂，故要经常进行检查，保持蓄电池通气孔畅通。

（三）冬季保养

冬季农闲时，对拖拉机进行保养与维护是预防来年农忙中发生故障的重要措施，应彻底检修 1 次，以使拖拉机的技术状态达到良好的标准。

（1）更换损坏的零部件，调整、清洗有需要的零部件；做到零部件齐全、完整，调整正确，润滑良好；发动机输出功率、油耗及转速符合规定要求；电气设备正常工作，不漏电，不打铁；附属装置、液压系统工作可靠，操纵灵活无异常。

（2）冬季轮胎气压应比夏季高 5%左右，避免行驶中的滚动阻力过大，增加油耗。

（3）气温在 0 ℃及其以下时，夜间停车和长时间熄火停放时应将发动机内防冻液排空；若未排空时不能离人，防止防冻液结冰而冻裂机体。

（4）在冰雪道路上行车，要注意防滑，拖拉机应使用花纹较深的轮胎，必要时装防滑链，车速要慢，不急打方向盘，看到障碍物早刹车。会车时要注意安全，尽量避免超车。

第三章　耕整地机械的使用与维护

耕整地是农业生产中的一个基本环节，科学地使用耕整地机械，不仅能提高效率，而且可为播种、收获等作业的机械化打下良好的基础。耕整地机械包括耕地机械和整地机械。前者用来耕翻土地，主要作业机具有铧式犁、圆盘犁等；后者用来碎土、平整土地或进行松土除草，主要作业机具有钉齿耙、圆盘耙、平地拖板、网状耙、镇压器等。为了提高作业效率，近年来复式作业机具和联合作业机具发展很快，本章以应用比较广泛的铧式犁、圆盘耙和旋耕机为例进行介绍。

第一节　铧式犁

一、铧式犁的类型及组成

犁是农业生产中最基本的工具之一，其中铧式犁是目前使用范围最广、数量最大的传统耕地机械。

（一）铧式犁的类型

常见的铧式犁有牵引式、悬挂式 2 种。

牵引犁由拖拉机牵引前进，工作时由起落机构使犁架降落，工作部件入土，耕翻土壤。运输及地头转弯时，通过起落机构使犁架升起，工作部件出土离开地面，犁由犁轮支承，随拖拉机行进。牵引犁工作稳定、作业质量较好，但结构复杂、质量大、机组转弯半径大、机动性较差，多用于大型、多铧、宽幅的条件，适用于大地块作业。

悬挂犁的工作部件装在犁架上，犁架通过悬挂装置与拖拉机联结，由拖拉机液压机构操纵。工作时犁架降落，工作部件入土；运输及地头转弯时，整个犁升起离开地面，悬挂在拖拉机上。悬挂犁具有结构简单、质量小、操作灵活、机动性好的优点，但整个机组的纵向稳定性较差，如果犁体过重，易使拖拉机前端抬起，因而大型悬挂犁的发展受到限制，适用于中小地块作业。

（二）铧式犁的组成

铧式犁由工作部件和辅助部件两大部分组成。其中工作部件包括主犁体、小前犁、犁刀和深松铲等，辅助部件包括犁架、犁轮、牵引或悬挂装置、起落机构、换向机构、耕深机构和水平调节机构等。

二、铧式犁的田间作业

（一）开墒

耕地时，先用犁开出一条沟来，以便顺着这条沟犁地叫作开墒。如果以全耕深耕的方式耕第 1 犁，由于没有犁沟容纳第 1 犁翻落的土垡，就会使土垡翻转不完全，并高出地表形成垄台，不便于以后作业。因此，一般在开墒时，将沟轮调到半耕深，使前铧耕深为尾铧耕深的一半，这样可以减小垄台和提高翻垡质量。悬挂犁上，可将限深轮调到全耕深位置，而将右升降杆调整到半耕深位置。耕第 2 犁时，再将机架调节成水平，进行正常作业。

（二）机组行走方法

耕地常用的行走方法有如下 5 种。

1. 内翻法

机组在耕区中线左侧耕第 1 犁，耕到地头起犁后，按顺时针方向进行环节转弯。紧靠第 1 犁返回耕第 2 犁，依次循环耕作。这样在耕区中间形成闭垄，土垡向地中线翻转，因此，内翻法也叫闭垄耕翻法或向心耕翻法。

2. 外翻法

机组在耕区右侧地边入犁，耕到地头向左转至耕区左边返回耕第 2 犁，然后又到耕区右侧耕第 3 犁，如此循环工作，最后在耕区中间形成开垄，土垡由中心向两侧翻转，因此又称为开垄耕翻法或离心耕翻法。

3. 套耕法

（1）双区套耕是将耕区划为 2 个小区。先用外翻法耕第 1 区，耕至中间剩下的宽度不能作无环节转弯时，仍用外翻法耕第 2 区，耕到不能作无环节转弯时，再把两区剩下的部分，用外翻法套耕。

（2）外内翻套耕是将耕区划为 4 个小区。由第 3 区右侧入犁，从第 1 区左侧回犁，把第 1、3 区用外翻法耕完，再用内翻法耕第 2、4 区。

套耕的优点是减少开闭垄，提高作业质量，避免机组进行环节转弯，便于操作，缩短地头。

4. 梯形地块耕法

耕地前根据地块形状找出中心线。耕地时先从较宽一头的中心开墒，进行内翻，不耕到头就回耕，回耕次数由地块两边宽度差和犁的幅宽决定，直耕到中心线两边未耕地都成平行四边形时，就可一直耕到头，逐步将剩余地块耕完。

5. 三角形地块耕法

三角形地块也可采用与梯形地块相同的耕法。如三角地块过小，机组回转不方便，则可采用倒车单行耕作。

（三）地头耕法

耕地前，为使地头整齐，可先在地块两头距地边一定距离处各横向耕一条地头线，作为起、落犁的标志，地头宽度应根据机组长度确定。

区内耕地结束后再耕地头。地头耕翻方法一般有 3 种。

（1）单独外翻法。把地头当作一块耕地，用外翻法耕完。

（2）单独内翻法。把地头当作一块耕地，用内翻法耕完。

（3）联耕法。根据机组地头回转时需要的宽度，除留出地头外，在耕区两侧边留出相同的宽度，在耕完主要耕区后，绕已耕地将地头及两侧留下的未耕地一起回转耕翻（四角起犁）。用这种方法能达到内耕接垄，外耕到边，耕后地面平整的要求。

三、铧式犁常见故障与排除

（一）入土困难

排除方法：因铧刃磨损或铧尖部分上翘变形，需更换犁铧或修复。

（二）土质干硬

排除方法：适当加大入土角、入土力矩或在犁架尾部加配重。

（三）犁架前高后低、横拉杆偏低或拖把偏高

排除方法：调短上拉杆长度、提高牵引犁横拉杆或降低拖拉机的拖把位置。

（四）犁铧垂直间隙小

排除方法：更换犁侧板、检查犁壁等。

（五）悬挂机组上拉杆过长

排除方法：缩短上拉杆，使犁架在规定耕深保持水平。

（六）拖拉机下拉杆限位链拉得过紧

排除方法：放松链条。

（七）悬挂点位置选择不当，入土力矩过小

排除方法：犁的下悬挂点挂上孔，上悬挂点挂下孔，增大入土力矩。

第二节　圆盘耙

一、圆盘耙的类型及组成

圆盘耙主要用于犁耕后的碎土和平地，也可用于搅土、除草、混肥，收获后的浅耕、灭茬，播种前的松土，飞机撒播后的盖种，有时为了抢农时、保墒也可以耙代耕，是表土耕作机械中应用最多的一种机具。

（一）圆盘耙的类型

按机重、耙深和耙片直径可分为重型、中型和轻型 3 种。重型圆盘耙适用于开荒、低温地和黏重土壤的耕后碎土，黏壤土耙地代耕；中型圆盘耙适用于黏壤土的耕后碎土，壤土耙地代耕；轻型圆盘耙适用于壤土的耕后碎土，轻壤土耙地代耕。

按与拖拉机的挂接方式可分为牵引、悬挂和半悬挂 3 种形式。重型耙一般多用牵引式或半悬挂式，轻型耙和中型耙则 3 种形式都有。

按耙组的配置方式可分为对置式和偏置式 2 种；按耙组的排列方式可分为单列耙和双列耙。

（二）圆盘耙的组成

圆盘耙一般由耙组、耙架、悬挂架和偏角调节机构等组成。对于牵引式圆盘耙，还有液压式（或机械式）运输轮、牵引架和牵引器限位机构等，有的耙上还设有配重箱。

二、圆盘耙的田间作业

（一）工作过程

作业时圆盘耙片的回转平面与地面垂直，无倾角，但与前进方向成一夹角，即偏角。在耙的重力、刃口和曲面综合作用下，耙片切入土壤，使土块沿凹面上升至适当高度并回落下来，所以具有一定的碎土、翻土和覆盖作用。此外，它还有推土、铲土（草）作用。

圆盘耙组在作业时，由于受到外力的作用与影响，产生的侧向力偶矩导致耙组两端耙深不一致，即耙组凹端钻入土内较深，凸端有离地趋势。常用强制的方法来解决这一问题，即抬头的凸端加重量或用吊杆将凹端上抬。若偏角加大，会加强入土性能，其碎土、翻土效果也会增强，但工作阻力也随之加大，适宜偏角为 $14° \sim 23°$。

（二）耙深调节

用角度调节装置调节耙深。其方法为停车后将齿板前移到某一缺口位置固定，再向前开动拖拉机，牵引器与滑板均向前移动，直到滑板末端上弯部分碰到齿板为止。前后耙组相对于机架作相应的摆转，此时偏角加大，耙深增加；若调浅耙深，则提升齿板，倒退拖拉机，将滑板后移，固定齿轮于相应缺口中，偏角则变小，耙深变浅。若上述调整耙深的方法仍未达到预定深度，则采用加配重量的方法。

（三）水平调整

对于前后两列的圆盘耙，利用卡板和销子与主梁连接来防止前列两个耙组凸面上翘，使耙深变浅；对于后列的两个耙组凹面端，利用两根吊杆挂在耙架上，提高吊杆可调整凹面端入土深度。调整前后耙架的横向水平、纵向水平，可通过改变牵引钩在牵引器上的不同孔位来进行。牵引钩下移，前列耙组耙深减小；反之，前列耙组耙深增加。

三、圆盘耙常见故障与排除

（一）圆盘耙工作时耙片不入土

故障原因：耙组的偏角调节太小或附加重物不够；耙片磨损或耙片间堵塞。

排除方法：适当调大偏角或增加重物；重新磨刃或更换，清除堵塞物。

（二）耙盘间的堵塞

故障原因：土壤太黏太湿、杂草太多使刮泥板不起作用；耙组偏角太大；机器前进速度太慢。

排除方法：选择土壤水分适宜时耙地、调节刮泥板的位置和间隙；调小耙组偏角；加快机器前进速度。

（三）耙后地面不平

故障原因：前后耙组偏角不一致；负重不一致；耙架纵向不平；耙组偏转造成耙组偏角不一致；个别耙组不转动或堵塞。

排除方法：调整前后耙组偏角；调整附加重物；调整牵引点高低；调整纵拉杆在横拉杆上的位置；清除污源和堵塞物。

（四）耙片脱落

故障原因：方轴螺母松脱。

排除方法：重新拧紧或换修。

第三节　旋耕机

一、旋耕机的类型及组成

旋耕机是一种由动力驱动的旋转式耕作机具，主要用于水田、菜园、黏重土壤和季节性强的浅耕灭茬，在播种整地作业中得到广泛的应用。其切土、碎土能力强，耕后地表平整、松软，但覆盖质量差。在我国南方地区多用于秋耕稻田种麦、水稻插秧前的水耕水耙。它对土壤湿度的适应范围较大，凡拖拉机能进入的水田都可以耕作。在我国北方地区大量用于铲茬还田、破碎土壤的作业。另外，还适应于盐碱地的浅层耕作、荒地灭茬除草、牧场草地浅耕再生等作业。

（一）旋耕机的类型

1. 按与拖拉机的挂接方式分类

可分为悬挂式、直接连接式和牵引式 3 种。

（1）悬挂式旋耕机。连接方式与悬挂犁相同，动力通过万向节传动轴传来，经过传动装置带动刀轴旋转。优点是连接方便，能与多种拖拉机配套，但应注意升起高度不宜过大，不然会使万向节传动轴因倾角过大而提早损坏。

（2）直接连接式旋耕机。将中间传动的外壳用螺钉直接固定在拖拉机的后桥壳上。升降时中间齿轮箱和主梁不动，仅工作部件绕主梁转动而升降。它的纵向尺寸较紧凑，省去了万向节传动轴，操作不受万向节传动轴倾角的限制，但只能与某种拖拉机配套，挂接也不方便。

（3）牵引式旋耕机。利用牵引装置与拖拉机相连，结构复杂，运转也不灵活，已不采用。

2. 按传动位置分类

可分为中间传动式和侧边传动式 2 种。

（1）中间传动式旋耕机。刀轴所需动力由中间传来，刀轴左右受力均匀，但刀轴结构复杂，中间还应设一刀体补漏，如 1GN-200 型旋耕机。

（2）侧边传动式旋耕机。刀轴所需动力由左侧传来，它除刀轴受力和整机重量分布稍不均匀外，其余都比中间传动式好，故定为基本型式（型号中没有"N"），如 1G-150 型旋耕机。

3. 按传动方式分类

可分为齿轮传动和链条-齿轮传动 2 种。

（1）齿轮传动旋耕机。零件多、结构复杂，但传动可靠，故采用较多，定为基本型式，如 1G-150 型旋耕机。

（2）链条-齿轮传动旋耕机。刀轴和中间齿轮箱间采用链条，可省去两个中间齿轮和轴承等，结构简单，但使用不当时，易发生故障，如 1GL-150 型旋耕机。

（二）旋耕机的组成

旋耕机由机架、传动部分、旋耕刀轴、刀片、耕深调节装置、罩壳和拖板等组成。

1. 机架

机架是旋耕机的骨架，由主梁、中间齿轮箱、侧边传动箱和侧板等组成，主梁的中部前方装有悬挂架，下方安装刀轴，后部安装机罩和拖板。

2. 传动部分

传动部分由万向节传动轴、中间齿轮箱和侧传动箱组成。拖拉机动力输出轴的动力经万向节传动轴传给中间齿轮箱，然后经侧传动箱传往刀轴，驱动刀轴旋转。

万向节传动轴是将拖拉机动力传给旋耕机的传动件。它能适应旋耕机的升降及左右摆动的变化。

3. 工作部分

旋耕机的工作部分由刀轴、刀座和刀片等组成。

刀轴用无缝钢管制成，两端焊有轴头，用来和左、右支臂相连接。刀轴上焊有刀座或刀盘。刀座按螺旋线排列焊在刀轴上以供安装刀片；刀盘上沿外周有间距相等的孔位。根据农业技术要求安装刀片。刀片用 65# 锰钢锻造而成，要求刃口锋利，形状正确，刀片通过刀柄插在刀座中，再用螺钉等固紧，从而形成一个完整刀辊。

旋耕刀片是旋耕机的主要工作部件。刀片的形式有多种，常用的有凿形刀、弯刀、直角刀等。

（1）凿形刀。刀片的正面为较窄的凿形刃口，工作时主要靠凿形刃口冲击破土，对土壤进行凿切，入土和松土能力强。功率消耗较少，但易缠草，适用于无杂草的熟地耕作。凿形刀有刚性和弹性 2 种，弹性凿形刀适用于土质较硬的地，在潮湿黏重土壤中耕作时漏耕严重。

（2）弯刀。正面切削刃口较宽，正面刀刃和侧面刀刃都有切削作用，侧刃为弧形刀刃，有滑动作用、不易缠草、松土和抛翻能力较好、适应性强、应用较广，但消耗功率较大。弯刀有左、右之分，在刀轴上应注意交错对称安装。

（3）直角刀。刀刃平直，由侧切刃和正切刃组成，两刃相交约 90°。它的刀身较宽、刚性较好、切土能力较好，适于在旱地和松软的熟地上作业。

4. 辅助部件

旋耕机辅助部件由悬挂架、挡泥罩、拖板和支撑杆等组成。悬挂架与悬挂犁的悬挂架相似。挡泥罩制成弧形，固定在刀轴和刀片旋转部件的上方，挡住刀片抛起的土块，起防护和进一步破碎土块的作用。拖板前端铰接在挡泥罩上，后端用链条挂在悬挂架上，拖板的高度可以用链条调节。

二、旋耕机的田间作业

（一）旋耕机与拖拉机的连接

1. 与手扶拖拉机的连接

旋耕机用螺栓固定在变速箱体的后面与手扶拖拉机连成一个整体。安装时应先拆下固定在变速箱体上的牵引架，把旋耕机固定到变速箱体上，注意对准接合平面上的两个定位销。当传动齿轮啮合不上时，不要强行安装，此时稍转动旋耕机刀轴，即可合上。

2. 与拖拉机的悬挂连接

安装步骤如下。

（1）拖拉机向后倒车与旋耕机的左、右悬挂销连接。

（2）安装上拉杆。

（3）安装万向节。安装时注意万向节方轴一端的夹叉开口和万向节套筒的一端的夹叉开口必须在同一平面内。如果装错，工作时万向节振动大会引起机件损坏。

连接完毕后，提升旋耕机使刀片稍离地面低速试运转，检查各部件是否正常，确认运转正常后方可正式作业。

3. 拖拉机轮距的调整

旋耕机工作时应使拖拉机车轮行驶在未耕地上，以免压实已耕地，故需调整轮距，使轮子位于旋耕机的工作幅内。

对于偏置式旋耕机，则拖拉机一侧的轮子应位于旋耕机工作幅内，作业时应注意行走方法，防止拖拉机另一侧的轮子压实已耕地。拖拉机换装水田叶轮带水旋耕时，因叶轮有搅动的作用可相应调大轮距，增加机组的稳定性。

（二）旋耕机的调整

1. 左右水平调整

将旋耕机降低至刀尖接近地面，观察其左右刀尖离地高度是否一致。若不一致，应调节悬挂机构的提升杆长度。

2. 前后水平调整

旋耕机正常工作时，通过调节上拉杆长度，使旋耕机变速箱处于水平状态，此时万向节前端也接近水平。

3. 耕深调整

耕深调整方法根据拖拉机液压悬挂系统的型式而定。具有力、位调节方法的液压悬挂系统应使用位调节，禁止使用力调节。分置式液压悬挂系统应使用油缸上的定位卡箍调节耕深，当达到所需耕深时将定位卡箍固定在相应的位置上，工作时分配器操纵手柄处于"浮动"位置。

手扶拖拉机旋耕机的耕深调整是通过改变尾轮位置的高低。上下移动尾轮的外管，可在较大范围内调节耕深。尾轮外管位置固定合适后，旋转尾轮手柄可以少量调节耕深。

（三）行走方法

1. 梭形耕法

机组由地块一侧进入，一行紧接一行，往返耕作，最后耕地头。此法适于手扶拖拉机旋耕机组。

2. 套耕法

机组由地块的一侧进入，耕到地头后相隔 3~5 个工作幅返回，等一小区耕完后再耕下一小区。右侧偏置的旋耕机应从地块的右侧进入。

3. 回行耕法

机组从地块一侧进入，转圈耕作，转弯时应将旋耕机提离地面。右侧偏置的旋耕机应从地块的右侧进入。回行耕法适用于水田带水旋耕。

（四）操作注意事项

（1）拖拉机前进速度的大小影响碎土性能，当刀轴转速一定，增大拖拉机前进速度时碎土效果差；反之，则碎土效果好。同时还应注意防止拖拉机超负荷。一般情况下，水耕或耙地作业时，前进速度 3~5 km/h；旱耕作业时，前进速度 2~3 km/h。

（2）手扶拖拉机旋耕机的刀轴转速可以调整，除由刀轴变速杆改变刀轴转速外，还得通过刀轴传动箱内主、被动链轮的对换改变转速。

（3）旋耕机因受万向节传动时倾斜角的限制，地头转弯和在传动中提升旋耕机必须限制提升高度，一般刀片离地 15~20 cm 即可。田间转移或过埂时，旋耕机需要升到最高位置，这时应停止万向节的传动。

（4）旋耕机开始工作时，应使刀片逐步入地，边起步边入土，禁止在机组起步前将旋耕机先入土或猛放入土，以免部件损坏。

（5）作业过程中不应有漏耕，可有少量重耕。

三、旋耕机常见故障与排除

（一）旋耕机负荷过大

排除方法如下。

（1）旋耕深度过大，应减少耕深。

（2）土壤黏重、过硬，应降低机组前进速度和刀轴转速，轴两侧刀片向外安装将其对调变成向内安装，以减少耕幅。

（二）旋耕机间断抛出大土块

排除方法如下。

（1）刀片弯曲变形，应校正或更换。

（2）刀片断裂，应重新更换刀片。

（三）旋耕机在工作时跳动

排除方法如下。

（1）土壤坚硬，应降低机组前进速度及刀轴转速。

（2）刀片安装不正确，应重新检查并按规定安装。

（3）万向节安装不正确，应重新安装。

（四）旋耕后地面起伏不平

排除方法如下。

（1）旋耕机未调平，应重新调平。

（2）平土拖板位置安装不正确，应重新安装调平。

（3）机组前进速度与刀轴转速配合不当，应改变机组前进速度或刀轴转速。

（五）齿轮箱内有杂音

排除方法如下。

（1）安装时不慎有异物掉落，应取出异物。

（2）圆锥齿轮箱侧间隙过大，应重新调整。

（3）轴承损坏，应更换新轴承。

（4）齿轮箱"齿牙"折断，应修复或更换。

（六）旋耕机工作时有金属敲击声

排除方法如下。

（1）刀片固定螺钉松脱，应重新拧紧。

（2）刀轴两端刀片变形，应校正或更换刀片。

（3）刀轴传动链过松，应调节链条紧度。

（4）万向节倾角过大，应注意调节旋耕机提升高度，改变万向节倾角。

（七）旋耕机工作时刀轴转不动

排除方法如下。

（1）传动箱齿轮损坏咬死，应更换齿轮。

（2）轴承损坏咬死，应更换轴承。

（3）圆锥齿轮无齿侧间隙，应重新调整。

（4）刀轴侧板变形，应校正侧板。

（5）刀轴弯曲变形，应校正刀轴。

（6）刀轴缠草、堵泥严重，应清除缠草、积泥。

（八）刀片弯曲或折断

排除方法如下。

（1）刀片与坚石或硬地相碰，应更换犁刀，清除石块，缓慢降落旋耕机。

（2）转弯时旋耕机仍在工作，应按操作要领，必须提起旋耕机。

（3）犁刀质量不好，应更新犁刀。

（九）齿轮箱漏油

排除方法如下。

（1）油封损坏，应更换油封。

（2）纸垫损坏，应更换纸垫。

（3）齿轮箱有裂缝，应修复箱体。

第四章　播种机械的使用与维护

第一节　播种机的基本构造

一、播种机的分类

播种机的类型很多，有多种分类方法。按播种方法可分为撒播机、条播机、穴播机和精密播种机；按播种的作物可分为谷物播种机、棉花播种机、牧草播种机和蔬菜播种机；按联合作业可分为施肥播种机、旋耕播种机、铺膜播种机和播种中耕通用机；按牵引动力可分为畜力播种机、机引播种机、悬挂播种机和半悬挂播种机；按排种原理可分为气力式播种机和离心式播种机。

随着农业栽培技术、生物技术、机电一体化技术的发展，又出现了免耕播种机、多功能联合播种机等。

1. 条播机

条播机主要用于谷物、蔬菜、牧草等小粒种子的播种作业，常用的有谷物条播机。

用于不同作物的条播机除采用不同类型的排种器和开沟器外，其结构基本相同，一般由机架、牵引或悬挂装置、种子箱、排种器、传动装置、输种管、开沟器、划行器、行走轮和覆土镇压装置等组成。其中影响播种质量的主要是排种器和开沟器。常用的排种器有槽轮式、离心式和磨盘式等类型。开沟器有锄铲式、靴式、滑刀式、单圆盘式和双圆盘式等类型。条播机能够一次完成开沟、排种、排肥、覆土、镇压等工序。条播机采用行走轮驱动排种（肥）器工作。作业时，由行走轮带动排种轮旋转，种子经种子箱内的种子杯按要求的播种量排入输种管，并经开沟器落入开好的沟槽内，然后由覆土镇压装置将种子覆盖压实。出苗后作物成平行等距的条行。

2. 穴播机

穴播机是按一定行距和穴距，将种子成穴播种的种植机械。每穴可播 1 粒或数粒种子，分别称单粒精播或多粒穴播，主要用于玉米、棉花、甜菜、向日葵、豆类等中耕作物，又称中耕作物播种机。每个播种机单体可完成开沟、排种、覆土、镇压等整个作业过程。

穴播机主要由机架、种子箱、排种器、开沟器、覆土镇压装置等组成。机架由主横梁、行走轮、悬挂架构成，而种子箱、排种器、开沟器、覆土镇压装置等则构成播种单体。播种单体通过四杆仿形机构与主梁连接，可随地面起伏而上下仿形。单体数与播行数相等，每一单体上的排种器由行走轮或该单体的镇压轮驱动。调换链轮可调节穴距。

工作时，由行走轮通过传动链条带动排种轮旋转，排种器将种子箱内的种子成穴或单粒排出，通过输种管落入开沟器所开的种槽内，然后由覆土器覆土，最后镇压装置将种子覆盖压实。

穴播机主要工作部件是靠成穴器来实现种子的单粒或成穴摆放。目前，我国使用较广泛的穴播机是水平圆盘式、窝眼轮式和气力式穴播机。2BZ-6 型悬链式播种机，是国内较典型的穴播式播种机，主要用于大粒种子的穴播。

3. 精密播种机

精密播种机是以精确的播种量、株行距和深度进行播种的机械，具有节省种子、免除出苗后的间苗作业、每株作物的营养面积均匀等优点。精密播种机多为单粒穴播和精确控制每穴粒数的多粒穴播，一般在穴播机各类排种器的基础上改进而成。如改进窝眼轮排种器上孔型的形状和尺寸，使其只接受 1 粒种子并防止空穴；将排种器与开沟器直接连接或置于开沟器内以降低投种高度，控制种子下落速度，避免种子弹跳；在水平圆盘排种器上加装垂直圆盘式投种器，以改变投种方向和降低投种高度，避免种子位移；在双圆盘式开沟器上附装同位限深轮，以确保播种深度稳定；多粒精密穴播机是在排种器与开沟器之间加设成穴机构，使排种器排出的单粒种子在成穴机构内汇集成精确数量的种子群，然后播入种沟。此外，精密播种机还有一些穴播机没有的新结构，如使用事先将单粒种子按一定间距固定的纸带播种，或使种子从一条回转运动的环形橡胶或塑料制种带孔排入种沟等。

目前，国内外播种玉米、大豆、甜菜、棉花等中耕作物的播种机多数采用精密播种，即单粒点播和穴播。一般中耕作物精密播种机的组成分为以下 4 部分。

（1）机架。多数为单梁式；机架支撑整机，各工作部件都安装在机架上。

（2）排种部件。种子箱和能达到精密播种的机械式或气力式排种器，包括可调节的刮种器和推种器。

（3）排肥部件。包括排肥箱、排肥器、输肥管和施肥开沟器。

（4）土壤工作部件及其仿形机构。包括开沟器、覆土器、仿形轮、镇压轮、压种轮及其连杆机构等。

有的精密播种机还配备施洒农药和除草剂的装置。

4. 铺膜播种机

铺膜播种机主要由铺膜机和播种机组合而成。按工艺特点可分为先铺膜后播种和先播种后铺膜两大类。该机由机架、开沟器、镇压辊（前）、展膜辊、压膜辊、圆盘覆土器（前）、穿孔播种装置、圆盘覆土器（后）、镇压辊（后）、膜卷架、施肥装置等组成。

作业时，肥料箱内的化肥由排肥器送入输肥管，经施肥开沟器施在种行的一侧，平土器将地表干土及土块推出种床外，并填平肥料沟，同时开出2条压膜小沟，由镇压辊将种床压平。塑料薄膜经展膜辊铺至种床上，由压膜辊将其横向拉紧，并使膜边压入两侧的小沟内。由圆盘覆土器在膜边盖土。种子箱内种子经输种管进入穴播滚筒的种子分配箱，随穴播滚筒一起转动的取种圆盘通过种子分配箱时，从侧面接受种子进入取种盘的倾斜型孔，并经挡盘卸种后进入种道，随穴播滚筒转动而落入鸭嘴端部。当鸭嘴穿膜打孔达到下死点时，凸轮打开活动鸭嘴，使种子落入穴孔，鸭嘴出土后由弹簧使活动鸭嘴关闭。此时，后覆土圆盘翻起的碎土，小部分经锥形滤网进入覆土推送器，横向推送至穴行覆盖在穴孔上，其余大部分碎土压在膜边上。

5. 免耕播种机

免耕播种机是指播种前不单独进行土壤耕作而直接在茬地上播种，作物生长期不进行土壤管理的耕作方法。用联合作业免耕播种机一次完成切茬、开沟、喷药除草、播种、覆土多道工序。免耕播种机的多数部件均与传统播种机相同，不同的是免耕播种机必须配置能切断残茬和破土开种沟的破茬部件，这是因为未耕翻地土壤坚硬，地表还有残茬。

免耕播种机具有下列优点。

（1）省去耕地作业、节省作业费、提前播种期，比常规平播提前1~2天。若遇阴雨天，免耕更会体现争时的增产效应。

（2）免耕地块蓄水保墒能力强。由于地表有秸秆覆盖，土壤的水、肥、气、热可协调供给，干旱时土壤不易裂缝，雨后不易积水。与翻耕地块相比作物生长快、苗情好。另外，肥料不易流失，产量也相应提高。

（3）抗倒伏性好。免耕农作物表层根量多，主根发达，加之原有土体结构未受到破坏，农作物根系与土壤固结能力强，所以抗倒伏能力强。

6. 播种机与拖拉机连接

（1）拖拉机与播种机挂接时，机具中心线应对准拖拉机中心线，按要求的连接位置进行挂接，保证播种机的仿形性能。

（2）使用轮式拖拉机时，要根据不同作物的行距来调整拖拉机的轮距，使车轮行驶在行间，以免影响播种质量。

（3）拖拉机与播种机挂接后，应使机具工作时左右前后保持水平。拖拉机悬挂机构的提升杆可调整播种机左右水平，拖拉机悬挂中心拉杆可调整播种机前后水平。进行播种作业时，应将拖拉机液压操纵杆放在"浮动"位置。

（4）悬挂播种机升起时，拖拉机如果有翘头现象，可在拖拉机前头保险杠加配重块，以增加拖拉机操纵稳定性。

（5）牵引2台以上播种机作业时，需用连接器。连接播种机时，应使整个播种机组中心线对准拖拉机的中心线。

二、播种机的构造

播种机类型很多，结构形式不尽相同，但其基本构成是相同的。播种机一般由排种器、开沟器、种子箱、输种管、地轮、传动机构、调节机构等组成，在施肥播种机上还有排肥器、输肥管。

1. 排种器

排种器是播种机的主要工作部件，其工作性能的好坏直接影响播种机的播种量、播种均匀性和伤种率等性能指标。常用排种器可分为条播和穴播两大类。条播排种器有外槽轮式、内槽轮式、锥面型孔盘式、匙式、磨纹盘式、离心式、摆杆式、刷式；穴播排种器有各种型孔盘式（水平、垂直、倾斜）、窝眼轮式、型孔带式、离心式、指夹式，以及各种气力式（气吸式、气吹式、气送式等）。

2. 开沟器

开沟器也是播种机的重要工作部件之一，它的作用是在播种机工作时，开出种沟，引导种子和肥料入土并能覆盖种子和肥料。对开沟器的性能要求：入土性能好、不缠草、开沟深度能在200 mm 内调节、以湿土覆盖种子、工作阻力小。

3. 播种机的辅助构件

（1）机架。用于支持整机及安装各种工作部件；一般用型钢焊接成框架式。

（2）传动和离合装置。通常用于行走轮通过链轮、齿轮等驱动排种、排肥部件。链轮或齿轮一般均能调换安装，以改变排种、排肥传动比从而调节播种量或施肥量。各行排种器和排肥器均采用同轴传动。

（3）划印器。播种作业行程中按规定距离在机组旁边的地上划出一条沟痕，用来指示机组下一行程的行走路线，以保证准确的邻接行距。

（4）起落和深浅调节装置。

第二节　播种机的基本操作

一、播种机的播前准备

（1）清除油污脏物，并将润滑部位注足润滑脂；固紧螺栓及连接部位，不得有松动、脱出现象；传动机构要可靠；链条张紧度要合适；拖拉机与播种机挂接要正确；开沟器工作正常；进行空转试验，待各运转机构均正常后，方可开始工作。

（2）按播种要求调整有关部位，如播量、行距、播深等。

（3）检查种子和肥料，不得混有石块、铁钉、绳头等杂物，肥料不应有结块。

（4）播种前应组织好连片作业，预先把种子、肥料放在地头适当位置，以提高作业效率。

（5）检查仿形机构，地轮转动是否灵活，排种盘和排肥盘是否符合要求，覆土器角度是否满足覆土薄厚的要求。如果上述检查项目正常，可先找一块平坦田地试验，检查种子和肥料的排量，如不妥则进行调整。

二、正确操作播种机

1. 播种操作

（1）播种机调整正常后，方可下地投入正常作业。播第一趟时要选好开播点，在视线范围内找好标志，力求一次开直，以便后期中耕管理。行走路线一般采用梭形法。在刚开始作业时，离地头 2~3 m 处停下来，检查开沟的深度（根据墒情而定），如过深或过浅应调整。

（2）充分利用土地面积。播种时，驾驶员应按计划尽量将种子播近边、播到头，做到不留地头、不留大边，充分利用耕地面积。

（3）在开沟器入土状态下，机组不能倒退、不准急转弯。

2. 操作播种机的注意事项

（1）随时注意各机构的工作情况，如各传动机构工作是否正常，输种管下端是否保持在开沟器下种口内，种子、肥料在排出中有无堵塞。肥料在箱内是否有架空，地轮有无黏土等。

（2）及时添加种子、肥料，箱内种子、肥料不少于各自箱子容积的1/4。

（3）及时清理种子箱和肥料箱。播完一种作物后，要及时清理种子箱，严防种子混杂；同时，还应清理肥料箱，防止化肥和农药腐蚀金属。

（4）作业中要经常观察地轮是否运转自如，有没有捞耙现象。发现故障应及时排除。

（5）地头或田间停车后，为了避免漏播，可将播种机升起后退一定距离，然后再继续工作。但后退的距离不能过长或过短，过长会浪费时间和种子，过短会产生漏播。

（6）要及时清除开沟器前方拖带的杂草和残茬，以免造成断条、拖堆而缺苗。

（7）地里杂草多、残茬多的情况下，应把前支铲安装上，以便清除残茬、保证播种质量。播种速度应保持在4~7 km/h。

（8）播种完一个小区，要核实播种量，不符合播种要求时，要调整后再播种下一个小区。

（9）播后要在12 h内及时镇压，以保持土壤中的水分和坚实程度，有利于种子发芽。

（10）种子和肥料必须经过筛选后方能使用，肥料要选择流动性较好的磷酸二铵、尿素等，这样才能保证下肥均匀。

（11）使用悬挂式播种机，在提升或降落时，应在播种机行进中缓慢进行播种，以免造成机件损坏和开沟器堵塞。

（12）播种机转移地块或运输时，种子箱内不应装有种子，工作时再重新加入。

第三节　常见播种机的田间作业

一、玉米播种机田间作业

1. 作业前准备

使用前首先要仔细阅读产品说明书并检查播种机上的相关零部件，对玉米播种机的各种性能要做到心中有数，避免发生机器故障。每次作业前都应检查播种机传动部位润滑油是否充足，零部件连接是否紧密，连接螺栓是否紧固，各转动部位是否灵活。在播种作业中若发现有声音异常情况，应立即进行停车检查，查看故障，进行必要的检修。

2. 挂接

播种机与拖拉机挂接后，机架不得倾斜，工作时应使机架前后呈水平状态。

3. 作业状态调整

按使用说明书的规定和农艺要求，将开沟器的行距、开沟覆土镇压轮的深浅、播种量进行适当调整。

4. 种子加装

加入种子箱的种子，去除小粒、不饱满粒、杂粒，以保证种子的有效性；种子箱的加种量至少要加到能盖住排种盒入口处，以保证排种流畅。

5. 试播

为保证播种质量，在进行大面积播种前，一定要坚持试播20 m，观察播种机的工作情况。请农业技术人员、当地农民等检测会诊，确认符合当地的农艺要求后再进行大面积播种。

6. 播种顺序

先横播地头，以免将地头轧硬，造成播深太浅。

7. 作业路线

农机手选择作业行走路线，应保证加种和机械进出方便，播种时要注意匀速直线前行，不能忽快忽慢或中途停车，以免重播、漏播；为防止开沟器堵塞，播种机的升降要在行进中操作，倒退或转弯时应将播种机提起。

8. 作业监控

播种时经常观察排种器、开沟器、覆盖器以及传动机构的工作情况，如出现堵塞、缠草、种子覆盖不严等现象，及时予以排除。调整、修理、润滑或清理缠草等工作必须在停车后进行。

9. 种子箱管理

作业时种子箱内的种子不得少于种子箱容积的 1/4；运输或转移地块时，种子箱内不得装有种子，更不能装其他重物。

10. 机件保护

玉米播种机工作时，严禁倒退或急转弯，玉米播种机的提升或降落应缓慢进行，以免损坏机件。

二、小麦播种机田间作业

1. 播种机的检查与清理

播种机在工作前应及时向各注油点注油，保证运转零件充分润滑。丢失或损坏的零件要及时补充、更换和修复。注意不可向齿轮和链条上涂油，以免沾满泥土，增加磨损。

各排种轮工作长度相等，排量一致。播量调整机构操作灵活，但应注意不得有滑动和空移现象。

圆盘开沟器圆盘转动灵活，不得晃动，不与开沟器相摩擦。

每班工作前后和工作中，应将各部位的泥土清理干净，特别注意清除传动系统上的泥土、油污。

每班结束后应将肥料箱内的肥料清扫干净，以免化肥腐蚀肥料箱和排肥部位。检查排种轴及排肥轴是否转动灵活。

每班作业后，应把播种机停放在干燥有遮盖的棚内。露天停放时，要将种子箱、肥料箱盖严。停放时落下开沟器，放下支座将机体支稳，使播种机的机架上减少不必要的负荷。

2. 播种机的调整

（1）传动比的调整根据播种量的需要，通过更换链轮选择合适的传动比。

（2）播种量的调整通过改变排种轮的工作长度来实现。将播种量调节手柄左右移动可改变排种轮的工作长度，播种量调节手柄拨至"0"的位置，各排种轮工作长度被设置为0。如设置得不正确，可松开该排种轮和阻塞套的挡箍一起移至正确位置，再将挡箍的端面紧贴排种轮和阻塞套固定紧。根据播量需要扳动调节手柄至相应的播量，并拧紧螺栓固定播量调节手柄。

（3）开沟器入土深度的调整。开沟器是靠弹簧压力和自重入土的，弹簧压力越大，开沟器入土越深。应根据播种深度和土壤硬度改变弹簧的压力，调整合适的开沟深度。调整时，应使各弹簧的压力一致，使开沟器深度相等。

（4）排种舌的调整。根据种子颗粒大小不同，适当调节排种舌的开度，大粒种子排种舌开度应大，反之应小，调整后固定排种舌的位置。

（5）行距的调整。从主梁中心向两侧进行；行距以开沟器铲尖之间的距离为准，调整适当后拧紧螺栓。

（6）行数的调整。如需要少于播种机的行数时，应将多余的开沟器、输种管卸下，用盖种板在种子箱底部盖住排种孔，再按需要适当调整行距即可。

3. 播种机的使用与操作

（1）播种机作业时尽量不要停车，以免种子堆积。

（2）作业中不得急转弯和倒退，地头空行和转弯时必须提起播种机。

（3）悬挂式播种机起步时应缓慢提速，轻轻落下播种机，以免损坏开沟器。

（4）注意观察种子箱，严防布条、绳头、石块、铁钉等杂物进入排种器。

（5）作业中应经常检查播种机排种口、输种管等是否堵塞，并加以清理。

（6）及时清理播种机的尘土、杂草等杂物。

三、水稻插秧机的田间作业

以手扶式水稻插秧机为例介绍。

1. 作业前再次检查、调整

将插秧机运送至田边，作业前还需再次检查、调整，以免作业时出现故障。

（1）压苗器的纵向栅条与秧块的上表面之间的标准间隙为 $-2 \sim +3$ mm。当间隙不对时，松开压苗器的碟形固定螺栓，前后调整压苗器，使之达到标准要求，并使左右的间隙相同。

（2）秧针和秧门侧面的标准间隙要 ≥ 1 mm。当间隙不对时，可以通过松开苗箱支架和苗箱移动滑杆的夹紧螺栓，左右移动苗箱进行调整，并使左右两侧的间隙一致；也可以通过增、减或更换秧爪连接轴上的"C"形垫片来调整。

（3）穴距调整。常发 2ZS-4 型插秧机的行距 300 mm 是固定的。农户会根据田块的肥力、水稻的品种和插秧时间的不同，要求农机手调整穴距，以适应当地的农艺。一般情况下穴距调节手柄放在 80 穴数/3.3 m^2 时，穴距控制在 140 mm 左右。

（4）插秧深度的调整。根据农艺要求，插秧机的插秧深度应达到不漂不倒，越浅越好，栽插深度控制在 15 mm 以内。一般情况下，通过调整插深调节手柄的位置（4 个位置）可以改变插秧机的插秧深度，往上为浅，往下则深。还可以通过调整浮板后支架上 6 个插孔的位置来辅助调节插深。

（5）穴株数的调整。水稻品种不同，穴株数也不同。一般品种每穴 2~5 株比较合适。可以通过调节纵向取秧量和横向取苗量来改变秧针的取秧量，从而改变每穴的株数。

2. 插秧机田间作业注意事项

机器经检查完好后，按空车试运转的方式启动发动机，操作液压手柄，升起插秧机，将变速手柄扳到"插秧"位置，合上主离合器，驶入田中。分离主离合器停车，操作液压手柄，使插秧机下降。根据秧苗、田块的情况，按当地农艺要求预设纵向取秧量、横向取苗次数、穴距、插秧深度。

为进出田块方便，降低人工补栽量，应预先考虑好插秧机作业的行走路线，确定田埂周围的插秧方法。推荐以下 2 个方案可供选择。

（1）插秧时首先在田埂周围留有 4 行宽的余地。

（2）第一行直接靠田埂插秧，其他三边田埂留有 4 行、8 行宽的余地。

作业前应确认如下事项。

（1）弄清大田形状，确定插秧方向。

（2）开始作业的第一个 4 行是以后每个 4 行的插秧基准，要尽量保持插秧机直线行走。在插秧第一个 4 行时最好在田边拉一根绳，作为第一个 4 行的基准。

（3）试插几穴后，要根据土壤的软硬程度和农艺要求作相应的调整。

（4）插秧作业应注意事项：变速手柄要在"插秧"行走挡

位上；液压操作手柄要在"下降"位置上；插秧离合手柄要在"连接"位置上；侧对行器要打开；主离合器手柄要在"连接"位置上。慢慢转动油门手柄，插秧机的工作效率将发生变化，以便找到与机手行走速度相适应的作业效率。

（5）安全离合器是插植臂工作的过载保护装置，如果插植臂停止，安全离合器连续发出"咔"的声音，说明安全离合器在打滑，这时应采取措施：迅速切断主离合器手柄；熄灭发动机；检查秧门与秧针间、插植臂与浮板间是否有石子、铁丝等异物，并及时清除；如果秧针变形，要及时整形或更换；如果不是插植臂的故障，应检查其他传动部分。排除故障后要先通过拉动反冲式启动器，确认秧针旋转自如后，再次清除秧门处未插下的散乱秧苗，才能启动发动机，重新作业。

（6）插秧机在田间作业时应尽量少用倒挡。插秧机不能长距离倒退行走，否则会引起行走轮裹泥、下陷、打滑。

（7）给插秧机添加秧苗。当插秧机开始作业或苗箱秧苗即将用完时都要添加秧苗。通常情况下，一亩大田需要 20~25 盘秧苗。首次装秧时，应将苗箱移到最左或者最右侧后，再装秧，否则会造成插植臂取秧混乱，取苗口堵塞、漏插，甚至机器损坏。放置秧苗时，要使秧块紧贴苗箱，不得翘出、拱起，同时调整好压苗器、锁紧。补给秧苗应在秧苗到达秧苗补给位置之前进行。若作业中苗箱上有一行没有秧苗时，应按首次装秧要求，重新补给秧苗。

为保证作业质量，不出现空挡、压苗的现象，插秧机在作业时要正确使用插秧机上的划印器和侧对行器。插秧时把侧浮板前上方的侧对行器对准已插好的秧苗行，并调整好行距（300 mm 左右）。

四、花生播种机田间作业

1. 播前准备

（1）田块准备。地块平整、无杂草、墒度适宜、施足底肥。

（2）种子准备。播种前要求对种子进行筛选均匀，种子清洁无杂物、饱满均匀、无破损、无秕子、干燥，以免影响播种质量。

（3）地膜准备。膜卷不要装得太紧，转动时略涩即可。肥料加入肥料箱前要清除杂物、无板结；膜卷装入挂膜架上，要调整膜辊使转动阻力适宜。

（4）机具准备。保养好播种机，各轴承添加适量润滑油；检查调整转动部件，保持转动灵活；检查紧固部分和穴播器；将花生分级，分别放入种子箱，不可拌种、浸种。

2. 作业参数调整

（1）播深的调整。播深根据当地土壤类型和墒情确定，一般为 30~60 mm，通过改变拖拉机悬挂丝杠长度来调整。

（2）行距的调整。根据农艺作业要求，将播种机排种器的定位装置两边同时移动，一般为 280 mm 左右。株距的调整，根据农艺作业要求和种子大小，更换排种盘，一般为 120~150 mm。

（3）配制药液，倒入药液筒。向筒内充气使气压达到规定值，更换药液时应先拧松筒盖放气，放完气后再打开盖加药；按灭草剂说明书要求加入灭草剂，将药筒加满水，拧紧桶盖，打开进气开关向桶内充气，气压到 0.2 MPa，试喷一下，看喷头有无堵塞。要将安全阀调到 0.4 MPa 以内。肥料加入肥料箱前要清除杂物、无板结；再将肥料加入肥料箱，调整施肥量。

（4）起垄高度和宽度的调整。松开机架上固定起垄铲的装置，上下、左右移动铲子。注意左右铲要对称。

（5）驱动轮与地面应保持一定压力。压紧力可通过调整地轮压簧的压缩长度来调整。驱动轮前方的刮土板，与地轮之间的间隙不可调得过大。

（6）开沟入土深度的调节。将地角开沟器立杆与机架连接处卡板螺栓松开上下调整，两地角深度平衡后，调到合适位置，再拧紧螺母。

（7）播种量的调节。靠地轮轴与种轴不同齿轮配合完成的，应根据实际需要使地轮轴配合种轴不同齿轮，穴距调小时与齿少的种轴齿轮配合，调大时与齿多的种轴齿轮配合。

3. 播种操作要点

（1）落下起落架，直到地轮可靠着地。工作前先将地膜拉出500 mm左右，将地膜的顶端埋入土中再把地膜两侧用土压好。

（2）开始作业时，机组要对准、对正作业位置，膜头要用土压住、压紧，起步前打开药液开关。注意起步、起落应缓慢。机械工作时应保持直线和匀速前进，作业中不得拐弯、倒退，以保证播种和覆膜质量。

（3）工作中驾驶员应检查开沟、起垄、播种和覆土的质量，发现问题应停机检查。

（4）机具到地头转弯时，应留足地头用膜长度，以备人工补种和铺膜。

第四节　播种机的维护与保养

一、日常保养

（1）每班作业结束后，应清除机器上的泥土、杂草，检查连接件的紧固情况，如有松动应及时拧紧。

（2）检查各转动部件是否灵活，如不正常应及时调整和排除。

（3）传动链等有摩擦的部位应加注相应的润滑油。

（4）每次工作结束后，要清空种子箱和排种器内的种子。停机时，要落下播种机且要放平。

二、入库保养

（1）彻底清理播种机各处泥土、杂草等，冲洗种子箱、肥料箱并晾干，涂防锈剂。

（2）播种机脱漆处应涂漆。损坏或丢失的零部件要修好或补齐，存放于通风干燥处，妥善保管。

（3）传动部分及润滑嘴均应清洗干净，各润滑部位均应加足润滑油，链轮、链条要涂油存放，对各弹簧应调整到不受力的自由状态。

（4）播种机上不要堆放其他物品。播种机应放在干燥、通风的库房内，如无条件，也可放在地势高且平坦处，用棚布加以遮盖。放置时，应将播种机垫平放稳。

（5）播种机在长期存放后，在下一季节播种开始之前，应提早进行维护检修。

第五章 中耕机械的使用与维护

第一节 中耕机概述

一、中耕的作用

中耕是在作物生长期间进行田间管理的重要作业项目，其目的是改善土壤状况、蓄水保墒、消灭杂草，为作物生长发育创造良好的条件。中耕主要包括除草、松土和培土 3 项作业，根据不同作物和各个生长时期的要求，作业内容有所侧重。有时要求中耕和间苗、中耕和施肥同时进行。中耕次数视作物情况而定，一般需 2~3 次。

二、中耕机的技术要求

中耕机应结构简单，使用简便；作业时应稳定性好，便于操纵；中耕机与拖拉机的连接应简单，稍加变换就可完成各项中耕作业。

三、中耕机的类型

中耕机按可利用的动力可分为：手用中耕机、手扶动力中耕机、畜力中耕机和机动中耕机（分牵引式和悬挂式 2 种）。

按用途可分为：全面中耕机、行间中耕机、通用中耕机、间苗中耕机和手用中耕机（果园、茶园、林业等用）。

按工作机构形式可分为：锄铲式中耕机、旋转式中耕机和杆式中耕机。

按工作条件可分为：旱田中耕机和水田中耕机。

第二节　中耕机的使用操作规程

一、中耕作业基本工作流程

明确作业任务和要求→选择拖拉机及其配套田间管理机械型号→熟悉安全技术要求→田间管理机械检修与保养→拖拉机悬挂（或牵引）田间管理机械→选择田间管理机械作业规程→田间管理机械作业→田间管理机械作业验收→田间管理机械检修与保养→安放。

二、中耕作业安全操作规程

（1）机车起步，必须先由农机手发出信号，等拖拉机手回答后再起步。

（2）中耕机升降弹簧要调整适当，升降把手要抓紧、慢放，要卡到扇形齿板缺口里再松手。

（3）机具工作时，部件黏土过多或缠草时，要停车清理，但农机手不能用手和脚去清除杂草；追肥作业时，不许用手到肥料箱内扒动和搅拌肥料。

（4）田间作业时，尽量在机车行进中起落农具，以免堵塞和损伤工作部件。作业到地头时，只有等工作部件确实出土后，方可转弯或倒退，严禁工件部件入土后倒退或急转弯。

（5）悬挂中耕机在转弯和运行时，机上不准站人；牵引式中耕机在运输中，机架上禁止放重的物品。

（6）作业时，农机手和非工作人员不得在机具上跳下或跳上。

（7）机具的调整、保养和排除故障，要在拖拉机停车熄火后进行。

（8）农具各连接部位须牢固、安全，并经常检查其可靠性。

三、中耕机械的作业操作规程

（一）苗期耙地

1. 农业技术要求

小麦、玉米、棉花、大豆等作物，在播种后或苗期，根据需要进行耙地作业，可以有效地消灭杂草、消除土壤板结、防止土壤返碱、疏松表土、减少水分蒸发、提高地温，有助于幼苗出土和生长。其农业技术要求如下。

（1）根据耙地的不同目的，掌握最有利的时机适时作业。

（2）耙前的田间土地应平整，无杂肥、草根、树根，否则会影响苗期耙地质量。

（3）作物出苗前耙地深度一般为 30～40 mm，苗期耙地不小于 50 mm，并要求不应发生埋苗现象；耙地时，伤苗率不应超过3%，除草灭草率应达到 70%～85%。

2. 苗期耙地的应用

（1）苗期破除土壤板结，应在雨后机车能进地时及早进行，并在 2～3 天内完成。

（2）入冬后，如果土壤过干、积雪浅薄或无积雪，种了冬麦的土地表面会出现大量裂纹，为了减少越冬苗死亡，最好进行耙地消灭裂纹。冬麦春耙，一般在麦苗返青，拖拉机能下地时用钉齿耙进行。

（3）对地湿和气温低的地块，为了防止返碱并提高地温，可在播种后 3~4 天内耙地。

（4）苗期耙地除草，可在作物的子叶离地表面不小于 30 mm 时进行。一般小麦在出现第 3 片真叶，玉米在苗高 50~80 mm，大豆在第 1 对真叶展开到第 1 片复叶出现时，耙地除草为宜。

（5）在重盐碱地的水稻茬地改种旱地作物，苗期耙地应及早进行。小麦播后 5~6 天即开始耙地，耙至出苗拔节前结束。棉花播后 5 天左右即可耙地，一般耙 1~2 次。

3. 机具准备

苗期耙地，一般用中型钉齿耙、轻型钉齿耙和自制除草耙等。用哪一种耙耙地为好，要根据土壤质地、作物生育和杂草萌发情况确定。一般来讲，在土质松软或幼苗脆嫩的情况下，以选用自制除草耙为宜；如果土壤比较黏重或杂草比较多时，可选用中轻型钉齿耙。在土壤水分适宜的条件下，旋耕机也是全面除草松土、破除土壤板结层和消灭杂草的良好工具。

4. 机组作业

（1）耙地的时间和深度。作物幼苗期的耙地作业，最好在每天上午八九点钟以后，到下午五六点钟以前的晴天无露水时进行。这是由于阳光的照射使禾苗的韧性增强，耙地对禾苗损伤小，而耙除的草根，一经暴晒即枯死。阴雨天和雨后，由于土壤过湿，易沾耙齿，且作物茎秆脆性大，容易伤苗，均不宜进行苗期耙地作业。

苗期耙地深度，一般为 40~80 mm。但在作业中还要注意以下 4 点。

①土壤的坚实程度和杂草种类。

②苗期耙地除草，主要用于小麦、大豆等作物。玉米从播种后到叶鞘出土期均可苗期耙地。棉花在播种后 5 天左右（即萌芽

状态）耙地可提高地温、促进出苗，叶片展开后不宜苗期耙地。苗期耙地对小粒浅播作物如谷子、糜子、高粱等有严重威胁，不宜采用。

③耙齿的后斜角度，一般双子叶作物以 15°~25°为宜，单子叶作物以 35°~48°为宜。

④土壤干湿度要适当，太干太湿的地都不宜作业。

（2）机组运行的方向和方法。无论任何地块、任何苗种，机组的运行方向必须与苗行垂直或偏斜（即横耙与斜耙），这样耙地，杀草率高、伤苗少。顺耙的效果较差、伤苗多，除特殊情况外，一般不宜采用。旋耕机可采取与苗行平行的作业方法。机组作业与钉齿耙单耙一遍的作业方法一样。

（3）机组作业的速度。机组作业时，行进的速度越快，杀草率越高，但伤苗率也越高，因此一般采用低速为宜（即不超过 5 km/h）。特别需要注意的是机组的回转半径不宜过小，回转时速度应降低，否则会引起大量伤苗。

5. 质量检查

每班作业应检查质量 2~3 次，特别要重视作业开始后的第 1 次检查，发现有不符合农业技术要求时，应纠正后再继续作业。检查质量可按对角线取样方法进行，其具体项目和方法如下。

（1）伤苗率：密植作物以 0.25 m^2 为单位，查出幼苗总数和耙掉、根断的苗数，计算出伤苗率。如果伤苗率大于规定值，应停车纠正后再继续作业。

（2）灭草率：在检查伤苗率的同一地点，查出杂草总株数和耙掉的株数，计算出灭草率。如果灭草效果不好，应该检查耙齿入土深度，调整倾斜角度。

（3）普遍检查漏耙、重耙、埋苗、耙深是否一致等情况，如果漏耙可用畜力弥补。

（二）行间中耕

1. 农业技术要求

行间中耕的任务是铲除杂草、疏松土壤、防止盐碱上升、提高地温、促进养分的分解、保墒防旱，为作物生长发育创造有利条件。具体要求如下。

（1）根据地面杂草及土壤墒度及时中耕。在正常情况下，第1次中耕在作物显行后就应开始；如遇低温、土地板结或墒度大的地块，应在播种3~5天后不显行中耕，疏松土壤、提高地温，促使种子发芽出土。

（2）耕深应达到规定标准。耕后地表土壤要松碎、平整、无大土块，不允许有拖沟现象，地面起伏不平度不得超过30 mm。

（3）要求全部铲除行间耕幅内的杂草，护苗带逐次加宽，一般从认苗期的100 mm加大到后期的150 mm。有条件要尽量接近植株，压缩护苗带，以扩大中耕除草面积。

（4）中耕作业要采用分层深中耕。作业中，要求机组不埋苗、不压苗、不铲苗、不损伤作物及茎秆。

（5）不错行、不漏耕、起落一致，地头要耕到。

2. 土地准备

（1）排除田间障碍，填平临时毛渠、沟坑，清除堆放在地里的植物残株，对不能排除的障碍应做出标记。

（2）灌溉后中耕，要全面检查土壤湿度，避免因局部土壤过湿，造成陷车或打滑现象；或因墒度不对，引起中耕后出现大土块压苗现象。

（3）标注机组在地头转弯地带的宽度，一般为机具工作幅宽的2倍。中耕机在地头线起落，如果能在地段外进行回转，可以不划转弯地带。例如，在采用梭形播种四大圈法时，就不划地头转弯地带。

（4）在两边地头线上，对每一个行程机组中心线对准的那一行上做标记。

（5）检查机具进入作业地经过的道路、桥梁是否畅通，并平整沟渠。

（6）按作物生长情况，制订作业计划。实行机车田间管理阶段的分区管理，可减少机车空行和提高作业质量。

3. 机具准备

（1）拖拉机的选择。根据田块大小、作物行距和生长高度进行选择。确保拖拉机的轮距（轨距）、轮宽（轨宽）能顺利通过作物的行间，且在苗间和行走轮（轨）之间需留有最小限度的护苗和垂直间隙，不伤害植株。

（2）轮距的选择。调整机车和农具的轮距为行距的整倍数。合适的轮距要使轮子走在对称的苗行的正中间，保持轮子和苗行两边有均匀的间隙。

（3）幅宽的选择。机具工作幅宽，应等于播种机组的工作幅宽，或播种机组幅宽为中耕机幅宽的整倍数，以免由于接行不准，造成铲苗。

（4）中耕机的选用。对中耕机的要求：能满足不同行距的要求、调整方便、铲除杂草、疏松表土、土壤位移量小、深浅一致、行走稳定、不摆动、仿形好。

（5）锄铲配置。在配置锄铲时，锄铲之间应有 30~50 mm 的重叠宽度。每组锄铲的两边留有护苗带，一般为 70~100 mm。

（6）中耕机作业深度的调整包括以下 8 点。

①将安装好的中耕机，放在平坦的地方或专用平台上，机架应呈水平状态。

②将垫板垫在牵引式行走轮下或悬挂中耕机组的拖拉机行走轮下面。垫板的厚度应比规定的中耕深度少 20 mm（相当于作业

时中耕机行走轮、悬挂中耕机的拖拉机行走轮下陷深度）。

③把操作机构放在工作位置，调整起落装置，调节中耕机的锄铲杆，使整台中耕机全部锄齿的刃口与支持面接触，并处于同一水平面上，铲尖不能翘起，锄齿末端和支持面之间的间隙不允许大于 5 mm。

④检查锄齿的重复宽度，一般应在 5~7 mm。

⑤在起落机构、杠杆或螺丝上，标注符合规定深度的记号，并在锄齿的支柱上标注中耕深度记号。

⑥万能牵引中耕机在土壤不够平整的地上作业，要采用短三角梁，以适应地形达到耕深一致。

⑦压力弹簧的紧度，应使工作机构固定在调整好的位置上，工作部件受到一定的弹簧压力而达到要求的工作深度。

⑧悬挂中耕机首先应调整液压油缸下降限制卡板，然后在限深轮下垫起一个高度（等于耕深减去轮子下陷深度），再调整水平拉杆和四连杆机构拉杆的长度。调整拉杆长度必须适度，否则中耕锄铲头部翘起，导致入土困难；或锄铲尾部撅起，影响工作质量。

（7）锄齿安装和护苗带宽度的调整。在方向盘轴上拴一根铅垂线，对准中间的鸭掌齿尖，从中间往两边调整，鸭掌齿间距离等于作物一宽一窄行距，鸭掌齿和相邻单翼铲铲柄的中心距等于 1/2 中耕宽度（作物行内），翼形铲到苗的距离为护苗带宽度。窄行内杆齿置于行中，锄齿的排列要求前后错开，以减少堵塞，单翼铲可配在鸭掌铲后面起除草、松土作用。

（8）检查转向机构和轮子轴承间隙。中耕机轮子和机架应对称配置，方向盘自由行程不得超过30°，清除方向盘轴承内的泥土，行走轮的轴向间隙不得超过 2 mm。

（9）检查机架。机架对角线长度之差，不应超过 8 mm；短梁的弯曲度不得超过 3 mm，长梁不应超过 5 mm；辕架、梁架、升降机构要牢固可靠，梁架无断裂。

（10）检查护苗器。为了防止埋苗，在第一、二遍中耕时，应安装护苗器。在后期中耕（即封垄前中耕）时，为了防止机具行走轮损伤植株和枝叶，还必须带分行器。

4. 机组的作业

（1）中耕机组的农业技术要求。在第一个行程中，应检查中耕的深度、护苗带的宽度，以及杂草铲除的情况，如达不到质量要求应及时调整。检查作业质量时，还要检查工作部件的固定情况、操向的灵活性，及机架是否水平行进。

（2）机具运行路线。行间中耕的行走路线是否合适，对于提高工作效率，保证中耕质量，减少压苗、伤苗有很大的关系。一般行间中耕的行走路线，有以下 5 种方法。

①梭形耕作法：适用于小型机具或地头空地较多的地块。这种耕作法的缺点是机具磨损较大、地头伤苗较多。

②单区双向套耕中耕法：适用于采用梭形播种的大片地块，这种方法转弯空行少，机车两边磨损均匀，地头压苗较少。但地头横向重复行走较多，应尽量使轮子在行间行走，以免压苗。

③二区单向套耕中耕法：适合带 2 台中耕机作业，但拖拉机单向磨损严重。

④二区双向套耕中耕法：适合带 2 台以上中耕机作业，而且机车两边磨损均匀。

⑤梭形播种四大圈中耕法：采用此法时，原则上与播种时的进地位置和行走方法相同。如果中耕幅宽与播种幅宽一样，则行走路线和播种行走路线完全相同，如果中耕幅宽是播种幅宽的 1/2 时，最后要中耕 8 圈（正 4 圈、反 4 圈）；如果中耕幅宽是

播种幅宽 1/3 时，最后要中耕 12 圈（正 4 圈、反 4 圈、再正 4 圈）。采用这种方法，地头压苗大大减少。

（3）机组的运行操作有以下 5 点。

①作业时，拖拉机手和农机手精神要集中，要熟悉行走路线，避免错行、伤苗、铲苗和倒车。农机手操作中耕机，始终要保持正确的护苗带，及时纠正偏斜，并保证耕深一致，机车超负荷要及时换挡，不能用减少耕深的办法继续工作。

②机具转弯要减慢速度；中耕机后排锄齿到地头线时，农机手要及时升起所有工作部件，防止损坏机具和伤苗，并在横向苗行中行驶。第二次以后的中耕，应遵循机组前一次所行驶的痕迹，以减少压苗。牵引 2 台或 3 台中耕机工作，应注意操作方向，防止碰撞。

③机具运行速度，一般不超过 6 km/h；草多、土壤板结的地，不超过 4 km/h；幼苗期机具工作速度，不超过 4 km/h；在沙土地上行驶，速度以不埋苗为限。在草多的地里作业，要随时清除缠在锄齿上的杂草，必要时升起工作部件，以防堵塞拖堆，伤害禾苗。每班要更换锋利的锄齿，必要时可换 2 次。

④机具在作业中，每 2~3 h 要停车检查一次。检查中耕机齿栓、铲子、轮柱、轴套、导架限位器等各部分的螺丝是否松动，发现松动及时拧紧。检查锄齿间尺寸和护苗带尺寸是否变化，发现变化要及时调整。

⑤机具夜间作业，要有充分的照明设备，还要在地头插上标记，避免错行铲苗。

（三）行间追肥

1. 农业技术要求

作物的行间追肥，主要是追施化学肥料和混合施用化肥与厩肥，中耕作物一般在生长期追肥 2~4 次。其农业技术要求如下。

（1）根据作物生长发育的需要，适时地分期追肥，使肥效充分发挥作用。

（2）追肥数量应合乎要求，下肥要均匀。

（3）追肥深度一般是 80~100 mm，以便于作物吸收养分，又不损伤根系为原则，一般追肥距苗行 100~150 mm，前期近，后期稍远。

（4）追肥时，肥料不得漏洒在地面或作物上。

2. 作业前的准备工作

（1）追肥前，地里应除尽杂草，玉米要做完打杈工作。

（2）肥料要在作业前运到各加肥点。加肥点的位置，应根据追肥量、追肥机肥料箱容积，以及地块长度和宽度来确定。原则是尽量减少机车空运行，不能因肥料箱内无肥料在地中间停车。所以，较长的地块，除两头设点外，还可在地中间设加肥点。

（3）各种化学肥料如有结块必须捣碎，厩肥和腐殖酸铵等肥料，也要捣碎并过筛。

（4）肥料混合使用时，要根据各种肥料的特性，确定好混合使用的比例。混合必须均匀，随用随掺或事先掺和好，运到加肥点。

（5）每个加肥点一般要配备 2 名加肥人员，如果要掺和肥料，应配备 3~4 人。同时还必须备足加肥工具，如桶、铁锹、大帆布、麻袋等。加肥人员按规定比例把肥料掺和均匀，迅速向肥料箱加足肥料，尽量缩短加肥时间，加肥中不可把肥料加在箱外，造成浪费。

机组每班次配备 2~3 人。机车驾驶员要负责本班次的机车状况和工作联系，操作中要保证不错行、不压苗。农机手要保证农具的技术状态良好、在工作中与机车升降一致、不漏追肥料，以及追肥合乎农业技术要求。

3. 作业机组的准备

1）确定追肥行数

追肥时，首先要确定追肥的行数。追肥机每趟追肥的行数，应与播种相适应，要求每行作物能均匀地得到肥料。

2）追肥机构

常用中耕追肥机主要由主梁、地轮、四连杆机构、工作部件等组成。排肥机构采用水平螺旋式，由肥箱、左右搅龙、左右调节肥量控制板等组成。当排肥搅龙由地轮传动时，肥料由搅龙推入两侧的排搅器，经排肥轮拨动由输肥管进到输肥开沟器施入地中，排肥量大小可由肥量控制板控制。这种机构排肥量大，不易堵塞。常用中耕追肥机包含排肥箱 3 个，每亩排肥量为 10~100 kg。

中耕机常采用的是开式单振动排肥器，肥料箱由支座支撑，肥料箱两侧有排肥口，通过振动滚轮产生振动使肥料排出。

肥料箱后箱壁振动板每振动一次，下肥一次。经测定，作业速度 5~7 km/h，传动轴 41~50 r/min，相应的振动频率为每分钟 205~250 次。这时，碳铵的亩施量为 26.8~55.5 kg，施尿素时，调节板可使最小排肥量为每亩 0.9 kg，最大排肥量为每亩 15 kg。

3）作业部件的检查调整

检查排肥机构传动是否可靠，链条松紧是否合适，输肥管有无堵漏；检查施肥开沟器入土深度和离苗距离是否合乎农业要求。

4）调整下肥量

①把输肥管从追肥开沟器中拔出，在每个管下铺上麻袋。

②根据各种类型追肥机，把排肥量控制在一定数量，然后转动支持轮 10~15 圈，利用调整播种量的计算公式，算出每个输肥管排肥的重量。

③把输肥管排下的肥料过秤所得值与播种量公式所得值相比

较，适时调整肥料量。调整后再用上述方法重做一遍，一直到输肥管实际排下的肥料重量与计算数值相合为准。悬挂追肥机有刻度，可以根据要求调整。

4. 机组的作业

（1）在追肥作业中，为了减少加肥时间，加肥人员应将肥料装放在机车转弯地头处（如在地中间应先放在机车通过地段），配合机组人员及时加肥。

（2）追肥中要随时检查开沟器是否堵塞，输肥管是否漏肥和堵塞，排肥机构下肥是否流畅，如果有问题应及时排除。作业开始时，应检查下肥深度和开沟器离植株距离，不合要求的及时调整。

（3）作业开始时，要对事先调整好下肥量的追肥机再进行实地调整。调整方法：称好一定重量的肥料，计算好排完的路程，不符时进行调整。具体计算公式：肥料箱装肥量（kg）＝下肥量（kg/m^2）×路程（m）×幅宽（m）

（4）作业结束后要对追肥机进行彻底清洗，特别是施肥机构清洗后要用机油润滑，以防腐蚀。

（四）行间开沟

1. 农业技术要求

一般开沟深度为 180～220 mm，沟宽 300～400 mm，沟内要畅通、沟壁要整齐、沟深要一致、培土良好、不埋苗、不伤植株根系。

2. 开沟器

（1）开沟器由铲尖、铲胸、开沟器壁、调节臂、铲柄组成，根据开沟垄形大小来调整调节臂，其范围在 253～430 mm。

（2）开沟追肥作业时，开沟器应安装在纵梁后端两孔中，施肥开沟器则应尽量前移到离纵梁固结器 100 mm 处。

（3）安装好后，在第一趟作业中根据实际情况进行调整。

3. 行间开沟作业

（1）行间开沟是中耕作物生长期进行灌溉前必需的作业，一般是浇水前把沟开好。

（2）行间开沟要用牵引式或悬挂式中耕机装上开沟器进行。开沟器铲尖要符合技术要求，固定螺丝不能突出铲面，开沟器工作面没有生锈现象。

（3）作业时，要调整开沟器行距和开沟深度。调整开沟宽度时，主要调整开沟器两侧翼板的开度，注意不能损伤植株。

（4）开沟要直，地头起落整齐。

第三节 锄铲式中耕机的使用与维护

一、锄铲式中耕机工作部件

锄铲式中耕机通常用于旱地作物的中耕，其工作部件有除草铲、松土铲、培土器等。

（一）除草铲

除草铲主要用于行间第 1、2 次中耕除草作业，起除草和松土作用。它分为单翼铲和双翼铲 2 类。双翼铲又有除草铲和通用铲之分。

单翼铲由单翼铲刀和铲柄组成。单翼铲刀有水平切刃和垂直护板 2 部分。水平切刃用来切除杂草和松碎表土。垂直护板的前端也有刃口，用来垂直切土，护板部分用来保护幼苗不被土壤覆盖。单翼铲的工作深度一般为 40 ~ 60 mm，幅宽有 135 mm、150 mm 和 166 mm 3 种。单翼铲因分别置于幼苗的两侧，故又分为左翼铲和右翼铲。

双翼铲由双翼铲刀和铲柄组成。双翼铲的特点是除草作用强、松土作用较弱，主要用于除草作业；双翼通用铲则可兼顾除草和松土 2 项作业，工作深度达 80 ~ 120 mm，幅宽常用的有 180 mm、220 mm 和 270 mm 3 种。

（二）松土铲

松土铲主要用来松动下层土壤，它的特点是松土时不会把下层土壤移到上层来，这样便可防止水分蒸发，并促进植物根系的发育。其形式有凿形松土铲、单头松土铲、双头松土铲、垄作三角犁铲（北方称三角锥子）。

凿形松土铲实际上为一矩形断面铲柄的延长，其下部按一定的半径弯曲，铲尖呈凿形，常用于行间中耕，深度可达 180 ~ 200 mm。

单头松土铲主要用于休耕地的全面中耕，以去除多年生杂草，工作深度可达 80 ~ 200 mm。

双头松土铲呈圆弧形，由扁钢制成。铲的两端都开有刃口，一端磨损后可换另一端使用。铲柄有弹性和刚性 2 种，前者适用于多石砾的土壤，工作深度为 100 ~ 120 mm；后者适用于一般土壤，工作深度可达 180 ~ 200 mm。

（三）培土器

培土器用于玉米、棉花等中耕作物的培土和灌溉区的行间开沟，培土本身也具有压草作用。培土器一般由铲尖、分土板和培土板等部分组成。铲尖切开土壤，使之破碎并沿铲面上升，土壤升至分土板后继续被破碎，并被推向两侧，由培土板将土壤培至两侧的苗行。培土板一般可进行调节，以适应植株高矮、行距大小以及原有垄形的变化。有些作物在每次培土后，要求沟底和垄的两侧均有松土，以防止水分蒸发。综合培土器的特点是三角犁铲曲面的曲率很小，通常为凸曲面，外廓近似三角形；工作时土壤沿凸面上升而被破碎，然后从犁铲后部落入垄沟，而土层基本不乱。分土板和培土板都是平板，培土板向两侧展开的宽度可以调节。

二、锄铲的选择及配置

根据中耕要求、行距大小、土壤条件、作物和杂草生长情况等因素，选择各种中耕应用的工作部件，恰当地组合、排列，才能达到预期的中耕目的。

工作部件的排列应满足不漏锄、不堵塞、不伤苗、不埋苗的要求。排列时要注意下面几点。

（1）为保证不漏锄，要求排列在同行间的各工作部件的工作范围有一定重叠量。一般除草铲铲刀横向重叠量为 20～30 mm；单杆单点铰连式联结的机器上为 60～80 mm；凿形铲由于入土较深，对土壤影响范围大，只要相邻松土铲的松土范围有一定重叠即可。

（2）为保证不堵塞，各工作部件安装时应拉开 400～500 mm 的距离。

（3）为保证中耕时不伤苗、不埋苗，锄铲外边缘与作物之间的距离应保持 100～150 mm，称为护苗带。必要时幼苗期护苗带还可减至 60 mm，以增加铲草面积。

三、锄铲式中耕机的调整

在正式作业开始前，将中耕机械用拖拉机悬挂进行田间测试调整，检查工作部件是否能正常作业，其主要调整如下。

（1）除草铲、松土铲、培土器安装不当，作业效果不好，重新安装调整。

（2）作业行距调整不当，重新进行安装调整，达到要求。

（3）工作部件安装不当，达不到要求的作业深度，调整其安装深度。

（4）工作部件已损坏，更换部件。

四、锄铲式中耕机的保养

（1）及时清除工作部件上的泥土、缠草，检查是否完好。

（2）润滑部位要及时加注润滑油。

（3）各班作业后，全面检查各部位螺栓是否松动。

（4）施肥作业完成后，要彻底清除黏附在各部件上的肥料。

（5）工作前检查传动链条是否传动灵活。

（6）每班作业后，应检查零部件是否有变形、裂纹等，及时修复或更换。

（7）作业结束后要妥善保管。

第六章　节水灌溉机械的使用与维护

节水灌溉机械是指具有节水功能、用于灌溉的机械设备。节水灌溉机械能够将水及时输送给农作物供其生长发育，是抵御旱涝灾害、确保农业生产高产稳产的有效措施。

第一节　灌溉机电设备

一、水泵

水泵是一种将动力机的机械能转变为水的动能、压能，从而把水输送到高处或远处的机械。在农业上主要用于灌溉和排涝，因而称为排灌机械。

（一）农用水泵的类型

1. 离心泵

离心泵是指靠叶轮旋转时产生的离心力来输送液体的泵，其特点是结构简单，使用维修方便，流量较小而扬程较高，广泛用于农田灌溉、工业和生活供水。

2. 轴流泵

轴流泵是指靠旋转叶轮的叶片对液体产生的作用力使液体沿轴线方向输送的泵，轴流泵的主要特点是流量大而扬程较低，适于平原河网地区使用。

3. 混流泵

混流泵是介于离心泵和轴流泵之间的一种水泵，一般适于平原和丘陵地区使用。它的扬程比轴流泵高；流量比轴流泵小，比离心泵大。

4. 潜水泵

潜水泵按照用途可分为污水潜水泵（简称潜污泵）、井用潜水泵和小型潜水泵 3 种。潜水泵是一种由立式电动机和水泵（离心泵、轴流泵或混流泵）组成的提水机械。整个机组潜入水中工作。

5. 水锤泵

水锤泵是利用水锤原理设计的一种水力提水机械。其特点是结构简单、使用方便，但出水量小、对水源的利用率低。

6. 水轮泵

水轮泵是用轴流泵、离心泵和混流泵 3 种之一（主要是离心泵）与水轮机联合组成的一种水力提水机械。水轮泵适于山区、丘陵地区等有水力资源、能获得集中水源的地方使用。

（二）水泵的安装及技术检查

1. 水泵机组安装位置的确定

水泵机组的安装位置受水泵工作原理的影响，如轴流泵叶轮一般淹没在水面之下，离心泵和混流泵通常装在离水面有一定高度的地方。

在地基环境允许的前提下，以尽量靠近水源安装为好，但要充分考虑地基塌陷和洪水淹没机组的风险。

2. 水泵机组的安装基础

水泵机组的安装基础有固定基础和临时基础 2 种。固定基础常采用混凝土浇筑而成；临时基础多采用移动式木排架式或型钢排架式。

3. 水泵和动力机的连接

动力机的安装应以安装好的水泵为依据，动力机与水泵之间的安装连接，应视传动方式不同而异。

（1）联轴器直接传动。水泵以电动机作为动力机，且水泵和电动机的转速和转向一致时，可采用联轴器直接传动。在水泵和电动机之间安装联轴器时，要求水泵轴和电动机轴必须在一条直线上，且在联轴器的两个盘之间要保持一定的间隙。

（2）皮带传动。在水泵和动力机转速不一致、转向不同，或轴线不在一条直线上时，采用皮带传动。

二、过滤设备

过滤设备是将水流过滤，防止各种污物进入滴灌系统导致滴头堵塞或在系统管网中形成沉淀。常见过滤设备有筛网过滤器、叠片过滤器、砂石过滤器、自清洗网式过滤器等。各种过滤器可以单独使用，也可以根据水源水质情况组合使用。

（一）筛网过滤器

筛网过滤器结构简单且价格便宜，是一种有效的过滤设备，其滤网孔眼的大小和总面积决定了它的效率和使用条件。当水流穿过筛网过滤器的滤网时，大于滤网孔径的杂质将被拦截下来。随着滤网上附着的杂质不断增多，滤网前后的压差越来越大，如压差过大，网孔受压扩张会让一些杂质"挤"过滤网进入灌溉系统，甚至致使滤网破裂。因此，当压差达到一定值就要冲洗滤网或者采用定时冲洗滤网的办法，确保滤网前后的压差在允许的范围内。筛网过滤器有手动冲洗和自动冲洗之分。自动冲洗筛网过滤器是利用过滤器前后的压差值达到预设值时控制器将信号传给电磁阀，或利用定时控制器每隔一段时间启动电磁阀，完成自动冲洗过程。所有筛网过滤器均应通过设计，提出一般水质条件下的最大过滤量指标。

（二）叠片过滤器

叠片过滤器是由大量很薄的圆形叠片重叠起来，并锁紧形成的一个圆柱形滤芯。每个圆形叠片一面分布着许多"S"形滤槽，另一面为大量的同心环形滤槽，水流通过滤槽时将杂质滤出，这些滤槽的尺寸不同，过流能力和过滤精度也不同。叠片过滤器单位滤槽表面积过滤量范围为 1.2~19.4 L/（h·cm²），过滤量的大小受水质、水中有机物含量和允许压差等因素的影响，厂家除了给出滤槽表面积外还应给出滤槽的体积。叠片过滤器的过滤能力也以目数表示，一般在 40~400 目，不同目数的叠片制作成不同的颜色加以区分。手动冲洗叠片过滤器时，可将滤芯拆下并松开压紧螺母，用水冲洗即可。自动冲洗叠片过滤器的叠片必须能自动松散，否则叠片黏在一起，不易冲洗干净。

（三）砂石过滤器

砂石过滤器处理水中的有机杂质与无机杂质都非常有效，只要水中有机物含量超过 10 mg/L，均应选用此种过滤器。其工作原理是未经过滤的有压水流从圆柱状过滤罐壳体上部的进水管流入罐中，均匀通过滤料汇集到罐的底部，再进入出水管，杂质被隔离在滤料层上面，即完成过滤过程；其主要作用是滤除水中的有机杂质、浮游生物以及一些细小颗粒的泥沙。砂石过滤器通常为多罐联合运行，以便用一组罐过滤后的清洁水反冲洗其他罐中的杂质，流量越大需并联运行的罐越多。由于反冲洗水流在罐中有循环流动的现象，少量细小杂质可能被带到并残留在该罐的底部，当转入正常运行时为防止杂质进入灌溉系统，应在砂石过滤器下游安装筛网或叠片过滤器，确保系统安全运行。

（四）自清洗网式过滤器

水力驱动（电控）自清洗网式过滤器，即负压自吸式清洗，也称管道式自动反冲过滤器、管道式自清洗过滤器。

一个自清洗过程可保证细滤网得到全面清洗，整个清洗过程很短，时间在 15 s 左右。在清洗滤网的过程中，过滤器仍继续过滤；清洗完成后排污阀关闭，活塞推动吸污器复位，一个自清洗过程完成。

三、施肥设备与装置

施肥设备与装置的作用是使易溶于水并适于根施的肥料、农药、化控药品等在施肥罐内充分溶解，然后再通过滴灌系统输送到作物根部。

随水施肥是滴灌系统的一大功能。对于小型滴灌系统，当直接从专用蓄水池中取水时，可将肥料溶于蓄水池再通过水泵随灌溉水一起送入管道系统。用蓄水池施肥方法简便、用量准确均匀、建池容易，易于被广大农民群众所掌握。

当直接从有压给水管管路、水库、灌排水渠道、人畜饮水蓄水池或水井取水时，则需加设施肥装置。通过施肥装置将肥料或农药溶解后注入管道系统随水滴入土壤中。

滴灌系统中常用的施肥设备有以下 3 种：压差式施肥罐、文丘里施肥器和注肥泵。

（一）压差式施肥罐

压差式施肥罐一般并联在灌溉系统主供水管的控制阀门上。施肥前将肥料装入肥料罐并封好，关小控制阀，造成施肥罐前后有一定压差，使水流经过密封的施肥罐，就可以将肥料溶液添加到灌溉系统进行施肥。压差式施肥器施肥时压力损失较小且投资不大，应用较为普遍，其不足之处是施肥浓度无法控制、施肥均匀度低且向施肥罐装入肥料较为费事。

（二）文丘里施肥器

文丘里施肥器利用水流流经突然缩小的过流断面时流速加大

而产生的负压将肥水从敞口的肥料桶中均匀吸入管道中进行施肥。文丘里施肥器具有安装使用方便、投资成本低廉的优点，缺点是通过流量小且灌溉水的动力损失较大，一般只用于小面积的微灌系统中。文丘里施肥器可直接串联在灌溉系统供水管道上进行施肥。为增加其系统的流量，通常将文丘里施肥器与灌溉系统主供水管的控制阀门并联安装，使用时将控制阀门关小，造成控制阀门前后有一定的压差就可以进行施肥。

（三）注肥泵

注肥泵同文丘里施肥器相同，是将开敞式肥料罐的肥料溶液注入滴灌系统中，通常使用活塞泵或隔膜泵向滴灌系统注入肥料溶液。根据驱动水泵的动力来源又可分为水力驱动和机械驱动2种。

水动注肥泵直接利用灌溉系统的水动力来驱动装置中的柱塞，将肥液添加到灌溉系统中进行施肥。水动注肥泵一般并联在灌溉系统主供水管上，施肥时将主控制阀门关闭，使水流全部流过水动注肥泵，通过注肥管的吸肥管将肥料从敞开的肥液桶中吸入管道。

水动注肥泵施肥工作所产生的供水压力损失很小，也能够根据灌溉水量大小调节肥水吸入量，使灌溉系统能够实现按比例施肥。水动注肥泵安装使用简单方便，已成为现代温室微灌系统中最受欢迎的一种施肥装置，但水动注肥泵技术含量高、结构复杂、投资较高，目前还没有国产成熟产品，基本依靠进口。

注肥泵的优点是肥液浓度稳定不变、施肥质量好、效率高。对于要求实现肥料原液 pH 值智能化控制的施肥灌溉系统，压差式施肥罐与文丘里施肥器都是不适宜的。而注肥泵施肥通过控制肥料原液或 pH 值调节液的流量与灌溉水的流量之间的比值，即可严格控制混合比。其缺点是需另加注入泵，造价较高。

以上施肥装置均可用于某些可溶性农药的施用。为了保证滴灌系统正常运行并防止水源污染，必须注意以下3点：第一，注入装置一定要装设在水源与过滤器之间，以免未溶解肥料、农药或其他杂质进入滴灌系统，造成堵塞；第二，施肥、施药后必须用清水把残留在系统内的肥液或农药冲洗干净，以防止设备被腐蚀；第三，水源与注入装置之间一定要安装止逆阀，以防肥液或农药进入水源，造成污染。

四、灌溉首部的附属电气设备

灌溉首部的附属电力设备和控制保护设备有电力控制设备、滴灌首部量测控制保护装置。

（一）电力控制设备

为便于滴灌系统中水泵、电气设备、配电设备的安全启闭和正常运行，需配套电力控制设备。滴灌首部常见电力控制设备有普通启动柜、软启动柜、变频控制柜。

（二）灌溉首部量测控制保护装置

为了保证灌溉系统的正常运行，必须根据需要，在系统中的某些部位安装阀门、流量计、压力表、流量表、止逆阀、闸阀、安全阀等。

第二节　水泵使用与维护

一、离心泵

（一）离心泵的构造与工作原理

农业生产中常用的离心泵为单级单吸离心泵。单级单吸离心泵类型的主要有 IS 型泵。IS 型泵的构造主要由泵体、叶轮、轴封装置、泵轴、轴承和托架等组成。

由于离心泵一般安装在离水源水面有一定高度的地方，因此它的工作原理是先把水吸上来，再将水压出去。也就是说，它是由吸水和压水 2 个过程组成的。

（二）离心泵在开机前的准备

水泵开机前，操作人员要进行必要的检查，以确保水泵的安全运行。

1. 轴承检查

用手慢慢转动联轴器或皮带轮，观察水泵转动是否灵活、平稳，泵内有无杂物碰撞声，轴承运转是否正常，皮带松紧是否合适等。如有异常，应进行必要的检修或调整。

2. 螺钉检查

检查所有螺栓、螺钉是否松动，必要时进行紧固。

3. 水泵检查

检查水泵转向是否正确。正常工作前可先开车检查，如转向相反，应及时停车。若以电动机为动力，则任意换接两相接线的位置；如果是以柴油机为动力，则应检查皮带的接法是否正确。

4. 引水检查

需灌引水启动的水泵，应先灌引水。在灌引水时，用手转动联轴器或皮带轮，以排出叶轮内的空气。

5. 启动时关闭闸阀

离心泵应关闭闸阀启动，以减小启动负荷。启动后应及时打开闸阀。

（三）离心泵在使用中应注意的事项

水泵在运行过程中要经常进行检查，操作人员要严守岗位，发现问题及时处理。

1. 检查各种仪表工作是否正常

检查电流表、电压表、真空表、压力表等，若发现读数不正常或指针剧烈跳动，应及时查明原因，予以解决。

2. 经常检查轴承温度是否正常

一般情况下轴承温度不应超过 60 ℃，通常以用手试感觉不烫为宜。轴承温度过高说明工作不正常，应及时停机检查。否则可能烧坏轴瓦、造成断轴或因热胀咬死。

3. 检查填料松紧度

一般情况下填料的松紧度以每分钟渗水 12~35 滴为宜。滴水太少容易引起填料发热、变硬，加快泵轴和轴套的磨损。滴水太多说明填料过松，易使空气进入泵内，降低水泵的容积效率，甚至造成不出水。填料的松紧度可通过填料压盖螺钉来调节。

4. 检查异响

随时注意是否有异响、异常振动、出水减少等情况，一旦发现异常应立即停车检查，及时排除故障。

5. 进水池水位水体维护

当进水池水位下降后，应随时注意进水管口淹没深度是否符合要求，防止进水口附近产生旋涡；经常清理拦污栅和进水池中的漂浮物，以防堵塞进水口。

6. 闸阀关闭

停车前应先关闭出水管上的闸阀，以防发生倒流，损坏机具。

（四）离心泵的维护与保养

1. 轴承的维护

对于装有滑动轴承的新泵，运行 100 h 左右就应更换润滑油；以后每工作 300~500 h 换油 1 次。在使用较少的情况下，每半年也必须更换润滑油。滚动轴承一般每工作 1 200~1 500 h 应补充 1 次润滑油，每年彻底换油 1 次。

2. 清洁保养

每次停车后均应及时擦拭泵体及管路上的油渍,保持机具清洁。

3. 定期修理

在排灌季节结束后,要进行 1 次小修,将泵内及水管内的水排空,以防发生锈蚀或冻坏。累计运行 2 000 h 以上进行 1 次大修。

(五) 离心泵常见故障与排除

1. 启动故障

1) 电机不能正常启动

如果是电动机作为原动装置,首先用手拨动电机散热风扇,看转动是否灵活:如果灵活,可能为启动电容失效或容量减小,应更换相同值的启动电容;如果转不动,说明转子被卡死,应清洗铁锈后加润滑油脂,或清除卡住转子的异物。

2) 水泵反向旋转

遇到此类情况多出现在第一次使用,此时应立即停机,若以电动机为动力,应调换三相电源中任意两相,可使水泵旋转方向改变;若以柴油机为动力,则应考虑皮带的连接方式。

3) 离心泵转动后不出水

如转动正常但不出水,可能有如下原因。

①吸入口被杂物堵塞,应清除后安装过滤装置。

②吸入管或仪表漏气,可能由于焊缝漏气、管子有砂眼或裂缝、接合处垫圈密封不良等。

③吸水高度过高,应将之降低。

④叶轮发生气蚀。

⑤注入泵的水量不够。

⑥泵内有空气,排空方法为关闭出口调节阀,打开回路阀。

⑦出水阻力太大，应检查水管长度或清洗出水管。

⑧水泵转速不够，应增加水泵转速。

2. 运转故障

1）流量不足或停止

可能的原因如下。

①叶轮或进、出水管堵塞，应清洗叶轮或管路。

②密封环、叶轮磨损严重，应更换损坏的密封环或叶轮。

③泵轴转速低于规定值，应把泵速调到规定值。

④底阀开启程度不够或止逆阀堵塞，应打开底阀或停车清理止逆阀。

⑤吸水管淹没深度不够，使泵内吸入空气。

⑥吸水管漏气。

⑦填料漏气。

⑧密封环磨损，应更换新密封环或将叶轮车圆，并配以加厚的密封环。

⑨叶轮磨损严重。

⑩水中含砂量过大，应增加过滤设施或避免开机。

2）声音异常或振动过大

水泵在正常运行时，整个机组应平稳，声音应当正常。如果机组有杂音或异常振动，则往往是水泵故障的先兆，应立即停机检查，排除隐患。水泵机组振动的原因很复杂，从引发振动的起因看主要有机械、水力、电气等方面，从振动的机理看主要有加振力过大、刚度不足和共振等。

机械方面可能有如下原因。

①叶轮平衡未校准，应即刻校正。

②泵轴与电动机轴不同心，应校正。

③基础不坚固，臂路支架不牢，或地脚螺栓松动。

④泵或电机的转子转动不平衡。

水力方面可能有如下原因。

①吸程过大，叶轮进口产生汽蚀；水流经过叶轮时在低压区出现气泡，到高压区气泡溃灭，产生撞击引起振动，此时应降低泵的安装高度。

②泵在非设计点运行，流量过大或过小，会引起泵的压力变化或压力脉动。

③泵吸入异物，堵塞或损坏叶轮，应停机清理。

④进水池形状不合理，尤其是当几台水泵并联运行时，进水管路布置不当，出现漩涡使水泵缺乏正常吸入的条件。共振引起的振动，主要在转子的固有频率和水泵的转速一致时产生，应针对以上故障原因，做出判断后采取相应的办法解决。

3）轴承过热

运行时，如果轴承烫手，应从以下 7 个方面排查原因并进行处理。

①润滑油油量不足，或油循环不良。

②润滑油质量差，杂质使轴承锈蚀、磨损和转动不灵活。

③轴承磨损严重。

④泵与电机不同心。

⑤轴承内圈与轴颈配合太松或太紧。

⑥用皮带传动时皮带太紧。

⑦受轴向推力太大，应逐一疏通叶轮上的平衡孔。

4）泵耗用功率过大

泵运行过程若出现电流表读数超常、电机发热，则有可能是泵超功率运行，可能的原因如下。

①泵内转动部分发生摩擦，如叶轮与密封环、叶轮与壳体。

②泵转速过高。

③输送液体的比重或黏度超过设计值。

④填料压得过紧或填料函体内不进水。

⑤轴承磨损或损坏。

⑥轴弯曲或轴线偏移。

⑦泵运行偏离设计点在大流量下运行。

二、潜水电泵

(一) 潜水电泵的构造与工作原理

潜水电泵的电动机装在叶轮的下面。叶轮装在电机轴的延伸端部，有单级（只有1个叶轮）和多级（有2个或2个以上叶轮）之分。

多级潜水电泵可用于深井抽水。因水泵和电机潜入水中，没有吸水管和底阀等部件，故水力损失少。同时，启动前不用灌水，操作简便。

潜水电泵的工作原理与离心泵是相同的，只是潜水电泵是潜入水中进行工作，因而不需要向叶轮里面灌引水。

(二) 潜水电泵在使用前的准备工作

1. 检查电缆线有无破裂、折断现象

电泵的电缆线要浸入水下工作，若有破裂折断极易造成触电事故。有时电缆线外观并无破裂或折断现象，也有可能因拉伸或重压造成电缆芯线折断，此时若投入使用，则极易造成两相制动现象，如果不能及时发现，极易烧坏电动机。所以，在使用前既要从外观认真检查，又要用万用电表检查电缆线是否通路。

2. 用兆欧表检查电泵的绝缘电阻

电动机绕组相对机壳的绝缘电阻不得小于 1 MΩ。

3. 检查是否漏油

潜水电泵漏油的途径是电缆接线处、密封室加油螺钉的密封，及密封处的"O"形环。检查时，首先要确定是否真漏油。造成漏油的原因多是加油螺钉没旋紧、螺钉下面的耐油橡胶垫损坏或者"O"形密封环失效。

4. 搬运时注意事项

搬运潜水电泵时应轻拿轻放，避免碰撞，防止损坏零部件。不得用力拉电缆，以防止磨破等。

5. 潜水电泵必须与保护开关配套使用

由于潜水电泵的工作条件复杂，流道杂物堵塞、两相运转、低电压运转等经常会发生，若没有保护开关，很容易发生电机绕组烧坏问题。若确实不能解决保护开关问题，则应在三相闸刀开关处装以电机额定电流2倍的熔断丝，绝对不能用铅丝甚至铜丝代替。

6. 要有可靠的接地措施

对于三相四线制电源而言，只要将电泵的接地线与电源的零线连接好即可。如果电源无零线则应在电泵附近的潮湿地里埋入深1.5 m以上的金属棒作地线，使之与电泵上的接地线可靠地连接。

7. 停用时的保养

长期停用的潜水电泵再次使用前，应拆开最上一级泵壳，转动叶轮数周，防止因锈死不能启动而烧坏绕组。

（三）潜水电泵在使用中应注意的事项

1. 电源切断

在检查电泵时必须切断电源。

2. 安装时的水深

安装潜水电泵时泵深一般为0.5~3.0 m，视水深及水面变动情况而定。水面较大，则抽水中水面高度变化不大，可适当浅些，以1 m左右为佳。水面不大而较深，工作中水面下降较多则可适当深些，但一般不要超过 3.0 m，太深了容易使机械密封损坏，且增加了水管长度。

3. 工作时注意事项

潜水电泵工作时不要在附近洗涤物品、游泳或放牲畜下水，以免漏电发生触电事故。

4. 通电

潜水电泵安装完毕应通电观察出水情况。若出水量小或不出水则可能是转向有误，应任意调换两相接线头。

5. 开关频次

潜水电泵不宜频繁开关，否则将影响使用寿命。原因首先是电泵停机时管路内的水产生回流，若立即启动则电泵负载过重并承受冲击载荷；其次是频繁开关易使承受冲击载荷小的零部件损坏。

6. 防污措施

在杂草、杂物较多的地方使用潜水电泵时，外面要用大竹篮、铁丝网罩或建拦污栅，防止杂物堵住潜水电泵的格栅网孔。

（四）潜水电泵的维护与保养

1. 及时更换密封盒

如果发现漏入电泵内部的水较多（正常泄漏量为每昼夜 2 mL），就应当更换密封盒，同时测量电机绕组的绝缘电阻。若绝缘电阻值小于 0.5 MΩ，必须进行干燥处理。更换密封盒时应注意外径及轴孔中"O"形密封环的完整性，以免水大量漏入潜水电泵的内部而损坏电机绕组。

2. 定期换油

潜水电泵每工作 1 000 h 应调换 1 次密封室内的油，每年调换一次电动机内部的油。对充水式潜水电泵还需定期更换上下端盖、轴承室内的骨架油封和锂基润滑脂，确保良好的润滑状态。

对带有机械密封的小型潜水电泵，必须经常打开密封室加油，螺孔加满润滑油，使机械密封处于良好的润滑状态，以保证其工作寿命。

3. 保存潜水电泵

长期不用时不能任其浸泡水中，而应存放于干燥通风的库房中。对充水式潜水电泵应先清洗，除去污泥杂物后存放。电缆存放时，应避免日光照射，以防老化裂纹，降低绝缘性能。

4. 及时进行防锈处理

使用一年以上的潜水电泵，应根据其锈蚀情况进行防锈处理，如涂防锈漆等。内部防锈可视泵型和腐蚀情况而定，内部充满油时则不会生锈。

5. 保养潜水电泵

潜水电泵每年应保养 1 次。保养时，拆开电机，对所有部件进行清洗、除垢除锈，及时更换磨损较大的零部件，更换密封室内及电动机内部的润滑油。若发现放出的润滑油油质混浊且含水量过多（超过 50 mL），则需更换整体密封盒或动、静密封环。

6. 气压试验

经过检修的电泵应以 0.2 MPa 的气压检查各零件止口配合面处 "O" 形密封环和机械密封的 2 道封面是否有漏气现象。若有漏气，则必须重新装配或更换漏气零部件。然后，分别在密封室和电动机内部加入润滑油。

（五）潜水电泵常见故障与排除

1. 漏电

漏电是潜水泵最常见的故障，也是危害人身安全的最危险因素之一。故障现象为合上闸刀时，变压器配电房中的漏电保护器跳闸（如果没有漏电保护器会相当危险，会造成电机烧坏）。这主要是由于潜水泵进水，造成潜水泵电机绕组的绝缘电阻降低，导致保护器动作。此时用摇表或万用表的"R×10 kΩ"挡，测电机绕组对外壳有一定的漏电阻。潜水泵长期使用，造成机械密封端面严重磨损，水由此渗入，浸湿电机绕组形成漏电。可将拆下的潜水泵电机放在烘房中，或用 100~200 W 白炽灯泡烘干；测得绝缘电阻无穷大时，然后将机械密封换新，再将泵装好即可投入使用。

2. 漏油

潜水泵漏油主要是由于密封盒磨损严重导致的密封盒油室漏油或出线盒处密封不良。密封盒油室漏油时，在进水节处可见油迹。在进水节处有一个加油孔，拧下螺丝，观察油室是否进水。若油室进水，则是密封不良，应更换密封盒，以防油室进水严重，渗入电机内。若潜水泵电缆根部有油化现象，属于电机内漏油，一般为密封胶塞密封不良、电机重绕后使用引线不合格或水泵接线板破裂造成的。检查确定后，更换成合格新品并测量电机的绝缘程度，若绝缘不好应及时处理，最后将电机内的油换新。

3. 通电后，叶轮不转

通电后水泵有嗡嗡的响声，叶轮不转。切断电源，在进水口处拨动叶轮，若拨不动，说明转子被卡死。可拆开水泵检查，是否因为转子下端轴承滚珠破碎导致卡死转子；若能拨动叶轮，但通电后叶轮却不转，故障原因可能是轴承严重磨损，通电时定子产生的磁性将转子吸住而不能转动。可更换轴承，拨动叶轮查看是否灵活转动。

4. 水泵出水无力、流量小

取出水泵，检查转子转动灵活，通电后转子能转。拆开水泵检查发现，水泵下端轴与轴承之间松动，且转子下移，因此转子转动无力，输出功率小。采用适当的垫圈垫在转子与轴承之间，使转子上移，安装试机，故障即可排除。

第三节 喷灌和滴灌设备的使用与维护

一、喷灌设备

喷灌是喷洒灌溉的简称，是指利用专门的设备（动力机、水泵、管道等）把水加压或利用水的自然落差将有压水送到灌溉地段，通过喷洒器（喷头）喷射到空中散成细小的水滴，均匀地散布在田间进行灌溉的灌溉方式。它是一种先进的节水灌水方法，是实现喷洒灌溉的工程设施。

（一）喷灌系统的组成

通常，喷灌系统由水源工程、水泵、动力机、管道系统、喷灌机、附属工程、附属设备组成。

1. 水源工程

喷灌系统与地面灌溉系统一样，首先要解决水源问题。常见水源：河流、渠道、水库、塘坝、湖泊、机井、山泉。在整个生长季节，水源应有可靠的供水保证。喷灌对水源的要求：水量满足要求，水质符合《农田灌溉水质标准》（GB 5084—2021）。另外，在规划设计中，特别是山区或地形有较大变化时，应尽量利用水源的自然水头，进行自压喷灌，选取合适的地形和制高点修建水池，以控制较大的灌溉面积。在水量不够大、水质不符合条件的地区需要建设水源工程。水源工程的作用是通过它实现对水源的蓄积、沉淀和过滤作用。

2. 水泵和动力机

喷灌需要使用有压力的水才能进行喷洒。通常利用水泵将水提吸、增压、输送到各级管道及各个喷头中，并通过喷头喷洒出来。水泵要能满足喷灌所需的压力和流量要求。常用的卧式单级

离心泵，扬程一般为 30~90 m。深井水源采用潜水电泵或射流式
深井泵。如要求流量大而压力低，可采用效率高而扬程变化小的
混流泵。移动式喷灌系统多采用自吸离心泵或设有自吸或充水装
置的离心泵，有时也使用结构简单、体积小、自吸性能好的单螺
杆泵。

常用的动力设备：电动机、柴油机、小型拖拉机、汽油机。
在有电的地区应尽量使用电动机，不方便供电的情况下只能采用
柴油机、汽油机或小型拖拉机。对于轻小型喷灌机组，为了移动
方便，通常采用喷灌专业自吸泵；而对于大型喷灌工程，通常采
用分级加压的方式来降低系统的工作压力。

3. 管道系统

一般分干管、支管 2 级，还可以分为干管、支管、分支管 3
级，管道上还需配备一定数量的管件和竖管。管道的作用是把经
过水泵加压的或自压的灌溉水输送到田间，因此，管道系统要求
能承受一定的压力和通过一定的流量。为了保护喷灌系统的安全
运行，可根据需要在管网中安装必要的安全装置，如进排气阀、
限压阀、泄水阀等。管网系统需要各种连接和控制的附属配件，
包括闸阀、三通、弯头和其他接头等，在干管或支管的进水阀后
可以连接施肥装置。

4. 喷灌机

喷灌机是自成体系，能独立在田间移动喷灌的机械。为了进
行大面积喷灌就应当在田间布置供水系统给喷灌机供水，供水系
统可以是明渠也可以是无压管道或有压管道。

喷灌机的主要组成部分是喷头。它的作用是将有压的集中水
流喷射到空中，散成细小的水滴并均匀地散布在它所控制的灌溉
面积上。按结构形式分类，喷头主要有旋转式、固定式、孔管式
3 类。

（1）旋转式喷头。旋转式喷头又称为射流式喷头，是目前使用最普遍的一种喷头形式。一般由喷嘴、喷管、粉碎机构、扇形机构、转动机构、弯头、空心轴和轴套等部分组成。其中，扇形机构和转动机构是旋转式喷头的最重要的组成部分。因此，常根据转动机构的特点对旋转式喷头分类，常用的形式有摇臂式、叶轮式、齿轮式和反作用式等。

（2）固定式喷头。喷灌过程中，所有部件固定不动，水流以全圆或扇形同时向四周散开，水流分散，射程小（5~10 m）、喷灌强度大（20 mm/h 以上）、水滴细小，工作压力低。主要有折射式喷头、缝隙式喷头和离心式喷头 3 种。

（3）孔管式喷头。孔管式喷头以小管作为灌水器，水滴的破碎主要是通过空气阻力和喷孔处的水压作用。该喷头由一根或几根较小直径的管子组成，在管子的顶部分布了一些小喷孔，喷水孔直径仅为 1~2 mm。水流是朝一个方向喷出，并装有自动摇摆器。孔管式喷头工作压力为 100~200 kPa，喷洒面积小、喷灌强度大（可达 50 mm/h）、水滴直径小、对作物叶面打击小，可实现局部灌溉。喷水带（微喷带）是孔管式喷头的一种，可分为单孔管、双孔管、多孔管。

孔管式喷头结构简单，成本较小，安装方便，技术要求相对其他喷头要低，同时喷头压力较低，容易实现和应用。但是水舌细小，受风影响大；由于工作压力低，支管上实际压力受地形起伏的影响较大，通常只能应用于比较平坦的土地；孔口太小，堵塞问题也非常严重，因此使用范围受到很大的限制。

5. 附属工程、附属设备

喷灌工程中还用到一些附属工程和附属设备，如从河流、湖泊、渠道取水，则应设拦污设施；在灌溉季节结束后应排空管道中的水，需设泄水阀，以保证喷灌系统安全越冬；为观察喷灌系统的运行状况，在水泵进出水管路上应设置真空表、压力表和水表，在管道上还要设置必要的闸阀，以便配水和检修；考虑综合利用时，如喷洒农药和肥料，应在干管或支管上端设置调配和注入设备。

(二) 喷灌系统的使用和维护

使用农田喷灌设备时，要根据灌溉的地形、灌溉面积的大小、作物的品种、不同生长期的不同需水量等因素，合理选择喷灌机组和喷头，正确安装和调整，正确使用和保养动力机械和水泵，保证作业质量。

1. 管路系统的布置

布置管路系统时，一定要综合考虑现有水利系统、水源的位置、地势、地形、主要的风向、风速、作物的布局和耕作的方向等因素，在经济和技术上进行全面比较和权衡，选出最优方案。

(1) 泵站。应布置在整个喷灌系统的中心，最好接近水源，以减少输水损失。

(2) 干管。应尽量布置在灌区中央。在坡地上应沿主坡方向；经常有风地区应沿主风方向；埋入地下深度应超过 600 mm，冻土层深的地方，埋入深度要相应增加。

(3) 支管。支管应与干管垂直，尽量与耕作方向保持一致，在坡地上应沿等高线布置。支管的间距，应根据所选喷头的射程和配置方案确定。

(4) 竖管。竖管应按喷头的组合形式布置，高度一般高出地面 1 300~1 500 mm，如果作物过高、风力过大等，高度应适当变化。

2. 喷头的配置

喷头配置的位置直接影响到喷洒质量，配置时各喷头的喷洒面积与邻近喷头的喷洒面积必须有一定的重叠量，以防漏喷。喷洒方式一般采用全圆喷洒，其特点是喷头间距大、喷灌强度低；由于风力的影响、水土保持的要求、地边地角喷洒需要、移动机组的行走道路等因素，有时也采用扇形喷洒。定点喷灌的喷头配置组合原则：保证喷洒不留空白，并有较高均匀度。常用的组合形式有4种：全圆喷洒正方形组合，支管间距、沿支管方向喷头间距均为喷头射程的1.42倍，有效控制面积为喷头射程平方的2倍；全圆喷洒正三角组合，支管间距、沿支管方向喷头间距分别为喷头射程的1.5倍、1.73倍，有效控制面积为喷头射程平方的2.6倍；扇形喷洒矩形组合，支管间距、沿支管方向喷头间距分别为喷头射程的1.73倍、1倍，有效控制面积为喷头射程平方的1.73倍；扇形喷洒等腰三角形组合，支管间距、沿支管方向喷头间距分别为喷头射程的1.856倍、1倍，有效控制面积为喷头射程平方的1.856倍。从上面数据可以看出，全圆喷洒正方形组合和全圆喷洒正三角形组合的有效控制面积最大，但是在风力影响下，往往不能保证喷灌的均匀性。所以，有时视风力的大小和对喷灌均匀性的要求也采用扇形喷洒矩形组合和扇形喷洒等腰三角形组合。

3. 喷头的调节

（1）喷孔口径大小的调节。更换备用喷嘴可调节喷孔口径的大小，喷孔口径改变后，喷头的喷水量、水滴直径、射程均发生相应变化。因此，应根据喷头的工作压力和生产对水滴直径、射程的具体要求而调节喷孔口径的大小。

（2）喷枪旋转速度的调节。通过导流板的上、下位置和摇臂弹簧的扭紧程度可调节喷枪旋转速度的快慢：导流板吃水深度越大，摇臂弹簧扭力越大，摇臂对喷管的敲击力越大，旋转速度也越快。旋转速度过快，对射程影响较大；旋转速度过慢，易造成局部积水和产生径流。一般喷枪喷灌时的旋转速度应适中，在不产生径流的前提下，以旋转慢一些为好。

（3）扇面角大小及方位的调节。通过改变轴套上套装的 2 个限位销的位置，可以调节扇面角大小和方位；喷灌旋转的 2 个极限位置决定了扇面喷灌的方向和范围，实际生产中应依据作业地块的需要进行适当调节。

4. 喷灌系统运行和维护要点

（1）启动前首先要检查干管、支管道上的阀门是否都已关好，然后启动水泵，待水泵达到额定转数后，再缓慢地依次打开总阀和要喷灌的支管上的阀门。这样可以保证水泵在低负载下启动，避免超载，并可防止管道因水锤而引起振动。

（2）运行中要随时观测喷灌系统各部件的压力。为此，在干管的水泵出口处、干管的最高点和离水泵最远点，应分别装压力表；在支管上靠近干管的第一个喷头处、支管的最高点和最末一个喷头处，也应分别装压力表。要求干管的水力损失不超过经济值；支管的压力降低幅度不得超过支管最高压力的 20%。

（3）在运行中要随时观测喷嘴的喷灌强度是否适当，要求土壤表面不得产生径流或积水，否则说明喷灌强度过大，应及时降低工作压力或更换直径较小的喷嘴，以减小喷灌强度。

（4）运行中要随时观测灌水的均匀度，必要时应在喷洒面上均匀布置雨量筒，实际测算喷灌的组合均匀度，其值应大于或等于 0.8。在多风地区，应尽可能在无风或风小时进行喷灌。如必须在有风时喷灌，则应减小各喷头间的距离，或采用顺风扇形喷洒，以尽量减小风力对喷灌均匀性的影响。在风力达三级时，则应停止喷灌。

（5）在运行中要严格遵守操作规程，注意安全，特别要防止水舌喷到带电线路上，并且应注意在移动管道时避开线路，以防发生漏电事故。

（6）要爱护设备，移动设备时要严格按照操作要求轻拿轻放。软管移动时要卷起来，不得在地上拖动。

（三）喷灌机常见故障与排除

1. 出水量不足

故障原因：进水管滤网或自吸泵叶轮堵塞；扬程太高或转速太低；叶轮环口处漏水。

排除方法：应清除滤网或叶轮堵塞物；降低扬程或提高转速；更换环口处密封圈。

2. 输水管路漏水

故障原因：快速接头密封圈磨损或裂纹；接头接触面上有污物。

排除方法：应更换密封圈；清除接头接触面污物。

3. 喷头不转

故障原因：摇臂安装角度不对；摇臂安装高度不够；摇臂松动或摇臂弹簧太紧；流道堵塞或水压太小；空心轴与轴套间隙太小。

排除方法：应调整挡水板、导水板与水流中心线相对位置；调整摇臂调节螺钉；紧固压板螺钉或调整摇臂弹簧角度；清除流道中堵塞物或调整工作压力；打磨空心轴与轴套或更换空心轴与轴套。

4. 喷头工作不稳定

故障原因：摇臂安装位置不对；摇臂弹簧调整不当或摇臂轴松动；换向器失灵或摇臂轴套磨损严重；换向器摆块突起高度太低；换向器的摩擦力过大。

排除方法：应调整摇臂高度；调整摇臂弹簧或紧固摇臂轴；更换换向器弹簧或摇臂轴套；调整摆块高度；向摆块轴加注润滑油。

5. 喷头射程小，喷洒不均匀

故障原因：摇臂打击频率太高；摇臂高度不对；压力太小；流道堵塞。

排除方法：应调整摇臂弹簧；调整摇臂调节螺钉，改变摇臂吃水深度；调整工作压力；清除流道中堵塞物。

二、滴灌设备

（一）滴灌系统的组成

滴灌是通过安装在毛管上的滴头、孔口或滴灌带等灌水器将水一滴一滴地，均匀而又缓慢地滴入作物根区附近土壤中的灌水形式。由于滴水流量小，水滴缓慢入土，因而在滴灌条件下除紧靠滴头下方的土壤水分处于饱和状态外，其他部位的土壤水分均处于非饱和状态，土壤水分主要借助毛管张力作用入渗和扩散。滴灌系统通常由水源工程、首部枢纽工程、输配水管网和滴头4个部分组成。

1. 水源工程

河流、湖泊、塘堰、沟渠等，只要水质符合滴灌要求，均可作为滴灌的水源。为了充分利用各种水源进行灌溉，往往需要修建引水、蓄水和提水工程，以及相应的输配电工程，这些统称为水源工程。

2. 首部枢纽工程

首部枢纽是整个滴灌系统的驱动、检测和控制中枢，主要由水泵、动力机、过滤器、施肥装置、控制阀门、进排气阀、压力表、流量计等设备组成。其作用是从水源中取水经加压过滤后输送到输水管网中去，并通过压力表、流量计等量测设备监测系统运行情况。

3. 输配水管网

输配水管网的作用是将首部枢纽处理过的水按照要求输送分

配到每个灌水单元和滴头，包括干管、支管和毛管三级管道。毛管是滴灌系统末级管道，安装或连接滴头。

4. 滴头

滴头是滴灌系统中的最关键的部件，是直接向作物灌水的设备，其作用是消除毛管中压力水流的剩余能量，将水流变为水滴、细流或喷洒状施入土壤。接滴头的消能方式可把它分为以下几种。

（1）长流道型滴头。长流道型滴头靠水流与流道管壁之间的摩阻消能来调节出水量大小。

（2）孔口型滴头。孔口型滴头靠孔口出流造成的局部水头损失调节出水量大小。

（3）涡流型滴头。涡流型滴头靠水流进入灌水器的涡室内形成的涡流来消能调节出水量大小。这是因为水流进入涡室内，由于水流旋转产生的离心力迫使水流趋向涡室的边缘，在涡流中心产生一个低压区，使中心的出水口处压力较低，因而调节流量。

（4）压力补偿型滴头。压力补偿型滴头是利用水流压力对滴头内的弹性体（片）的作用，使流道（或孔口）形状改变或过水断面面积发生变化，即当压力减小时，增大过水断面面积；压力增大时，减小过水断面面积，从而使滴头出流量自动保持稳定，同时还具有自清洗功能。

（二）滴灌系统的田间布置

1. 毛管和滴头布置

滴头的布置形式取决于作物种类、种植方式、土壤类型、当地风速条件、降水以及所选用的滴头类型，还须同时考虑施工、管理方便、对田间农作物的影响及经济因素等。

1）条播密植作物

大部分作物如棉花、玉米、蔬菜、甘蔗等均属于条播密植作物，需采用较高的湿润比（一般宜大于 60%）、较多数量的毛管和滴头。这时毛管顺作物行向布置，滴头均匀地布置在毛管上，滴头间距为 0.3~1.0 m，毛管有 2 种布置形式。

①每行作物一条毛管。当作物行间距超过 1 m 和栽培在轻质土壤（一般为砂壤土、砂土）时，采用每行作物布置一条毛管。

②每两行或多行作物一条毛管。当作物行间距较小（一般小于 1 m）时，宜考虑每两行作物布置一条毛管；当作物行间距小于 0.3 m 时，宜考虑多行作物一条毛管。应当注意的是，土壤砂性较严重时，应考虑减小毛管间距。

2）果园

果树的种植间距变化较大，从 0.5 m×0.5 m 到 6 m×6 m。因此毛管和滴头的布置方式也很多。

①一行果树布置一条毛管。当树形较小，土壤为中壤以上的土壤时，采用一行果树一条毛管的布置形式比较适宜。滴头沿毛管的间距为 0.5~1.0 m，具体间距视土壤情况而定，一般要求能形成一条湿润带。这种布置方式节省毛管，灌水器间距较小，系统投资低。在半干旱地区作为补充灌溉形式能够满足要求。

②一行果树布置两条毛管。当树行距较大（一般大于 4 m），土壤为中壤以上的土壤时，采用一行果树两条毛管的布置形式较适宜。或当果树行距小于 4 m，但土壤砂性较严重时，也可考虑一行果树布置两条毛管。在干旱地区，果树完全依赖灌溉时，受湿润区域的限制，根系发育呈条带状，当风速较大时，宜采用这种布置方式。

③曲折毛管和绕树毛管布置。当果树间距较大（一般大于 5 m）或在极干旱地区，可考虑曲折毛管和绕树毛管的布置形式。这种布置形式的优点在于，湿润面积近于圆形，与果树根系的自

然分布一致。在成龄果园建设滴灌系统时，由于作物根系发育完善，可采用这种布置方式。

④多出流口滴头。能够采用曲折毛管和绕树毛管的地方，也可采用多出流口滴头，或多个滴头用水管分流的布置形式。

2. 干管、支管布置

干管、支管的布置取决于地形、水源、作物分布和毛管的布置。其布置应达到管理方便、工程费用小的要求。在山丘地区，干管多沿山脊布置或沿等高线布置；支管则垂直于等高线，向两边的毛管配水。在平地，干管、支管应尽量双向控制，两侧布置下级管道，可节省管材。

3. 首部枢纽布置

一个滴灌系统能否正常、方便、安全地运行，发挥其效益，除了须十分谨慎地选用滴头外，还须更为谨慎地选择首部枢纽。首部枢纽，特别是过滤器，是滴灌系统的关键所在，过滤器是否能够有效发挥作用，关系着灌水器是否能够正常运行。一旦过滤器出现故障，会在很短的时间内堵塞灌水器，造成滴灌系统报废。

1）过滤器的选择

选择过滤器主要考虑以下原则。

①过滤精度满足滴头对水质处理的要求。滴头供应商应该提供所供应的滴头对水质过滤精度的要求，设计者根据供应商所提供的要求选择适当精度的过滤器。

②应根据制造商所提供的清水条件下流量与水头损失关系曲线，选择合适的过滤器品种、尺寸和数量，减少过滤器水头损失，否则会增加系统压力，使运行费用增加。

③储污能力强。除选用自清洗式过滤器外，在选择过滤器时应根据水源含杂质情况，选择不同级别、不同品种的过滤器，以

免过滤器在很短时间内堵塞而频繁冲洗，使运行管理非常困难。一般要求过滤器清洗时间间隔不少于一个轮灌组运行时间。

④耐腐性好，使用寿命长。塑料过滤器要求外壳使用抗老化塑料制造。金属过滤器要求表面耐腐蚀不生锈，过滤芯材质宜为不锈钢，外壳可采用可靠的防腐材料喷涂。

⑤运行操作方便可靠。对于自清洗式过滤器要求自清洗过程操作简便，自清洗能力强。对于人工清洗过滤器，要求滤芯取出、清洗和安装简便，方便运行。

⑥安装方便。选用过滤器时，应选择能够配套供应各种连接管件的供应商，使施工安装简便易行。

2）首部枢纽布置

当水源距灌溉地块较近时，首部枢纽一般布置在泵站附近，以便运行管理。

（三）滴灌设备安装与调试

作物的生物学特征各异，栽培的株距、行距也不一样，为了达到灌溉均匀的目的，要求滴灌带滴孔距离、规格、孔洞统一。通常滴孔距离 150 mm、200 mm、300 mm、400 mm，常用的有200 mm、300 mm。这就要求滴灌设施实施过程中，需要考虑使用单条滴灌带端部首端和末端滴孔出水量均匀度相同且前后误差在 10%以内的产品。在设计施工过程中，需要根据实际情况，选择合适规格的滴灌带，还要根据所选滴灌带的流量等技术参数，确定单条滴灌带的铺设最佳长度。

1. 滴灌设备安装

1）灌水器选型

大棚栽培作物一般选用内镶滴灌带，规格 16 mm×200 mm 或16 mm×300 mm，壁厚可以根据农户投资需求选择 0.2 mm、0.4 mm、0.6 mm，滴孔朝上，平整地铺在畦面的地膜下面。

2）滴灌带数量

可以根据作物种植要求和投资意愿，决定每畦铺设的条数，通常每畦至少铺设 1 条，2 条最好。

3）滴灌带安装

棚头横管用 1"［1"（1 英寸）= 2.54 cm = 25.4 mm，全书同］水管，每棚一个总开关，每畦另外用旁通阀，在多雨季节，大棚中间和棚边土壤湿度不一样，可以通过旁通阀调节灌水量。

铺设滴灌带时，先从下方拉出。由一人控制，另一人拉滴灌带，当滴管带略长于畦面时，将其剪断并将末端折扎，防止异物进入。首部连接旁通阀，要求滴灌带用剪刀裁平，如果附近有滴头，则剪去不要，把螺旋螺帽往后退，把滴灌带平稳套进旁通阀的口部，适当摁住，再将螺帽往外拧紧即可。将滴灌带尾部折叠并用细绳扎住，打活结，以方便冲洗（用堵头也可以，只是在使用过程中受水压泥沙等影响，不容易拧开冲洗，直接用线扎住方便简单）。

把黑管连接总管，三通出口处安装球阀，配置阀门井或阀门箱保护。整体管网安装完成后，通水试压，冲出施工过程中留在管道内的杂物，调整缺陷处，然后关水，滴灌带上堵头，1"黑管上堵头。

2. 滴灌设备使用技术

1）滴灌带通水检查

在滴灌受压出水时，正常滴孔的出水呈滴水状，如果有其他洞孔，出水呈喷水状，在膜下会有水柱冲击的响声，所以要巡查各处，检查是否有虫咬或其他机械性破洞，发现后及时修补。在滴灌带铺设前，一定要对畦面的地下害虫或越冬害虫进行一次灭杀。

2）灌水时间

初次灌水时，由于土壤团粒疏松，水滴容易直接往下顺着土块空隙流到沟中，不能在畦面实现横向湿润。所以要短时间、多次、间歇灌水，让畦面土壤形成毛细管，促使水分横向湿润。

瓜果类作物在营养生长阶段，要适当控制水量，防止枝叶生长过旺影响结果。在作物挂果后，滴灌时间要根据滴头流量、土壤湿度、施肥间隔等情况决定。一般在土壤较干时滴灌 3~4 h；而当土壤湿度居中，仅以施肥为目的时，水肥同灌约 1 h 较合适。

3）清洗过滤器

每次灌溉完成后，需要清洗过滤器。每 3~4 次灌溉后，特别是水肥灌溉后，需要把滴灌带堵头打开冲水，将残留在管壁内的杂质冲洗干净。作物采收后，集中冲水一次，收集备用。如果是在大棚内，只需要把滴灌带整条拆下，挂到大棚边的拱管上即可，下次使用时再铺到膜下。

（四）滴灌设备常见故障与排除

1. 管道发生断裂

农田滴灌设备发生管道断裂故障现象时，产生的原因主要有以下 3 方面，应具体问题具体分析，合理解决。

（1）管材质量不好。对于管材质量不好的问题，要严把进货关，在购买管材时，一定要严格检查管材的质量，切不可粗心大意。

（2）地基下沉不均匀。当地基出现下沉不均匀现象时，要挖开地基进行认真检查，对不良的地基应进行基础处理。

（3）管道受温度应力影响而破坏，或因施工方法不当而造成管道破裂。在施工的时候，要求管道覆土厚度必须在最大冻深200 mm 以下。当侧面有临空面或有管道通过涵洞时，一定要注意侧向及管下的土深要达到要求。要加强施工管理，在开挖管沟、处理地基、铺设安装、管道试压、回填管沟等几道工序上要严格按规范进行。当管道在通过淤泥地段时，必须采取加强处理。

2. 管道出现砂眼

管道出现砂眼的原因，一般是管道制造时的缺陷引起的。处理方法是在砂眼周围用 100 目的砂布打毛，并在砂眼周围已打毛的部分和另一管片打毛的内侧涂上黏合剂，把管片盖在砂眼上，并左右移动，使其黏合均匀，待片刻即可粘牢修复。

3. 停机时水逆流

农田滴灌设备在停机时出现逆向流水的现象时，产生的原因可能是进、排气阀损坏，应查明原因，拆卸损坏的进、排气阀进行修复或更换；也可能是进、排气阀的安装位置不正确，管道出现负压，应查明原因并重新安装。

4. 滴水不均匀

滴灌设备出现滴水不均匀现象时，一般情况下表现为远水源处水量不足、近水源处滴水过急，故障产生的原因可能是滴头堵塞，应仔细检查各故障滴头，并清堵修复或更换滴头；也可能是供水压力不够，可调高水压排除故障；还可能是管路支管架设得不合理，出现了逆坡降，应根据地形合理调整支管的坡度或重新架设支管走向。

5. 过滤器堵塞

滴灌设备出现过滤器堵塞现象，产生的原因可能是进水水质过差，造成过滤器堵塞，应检验进水水质；也可能是过滤器使用时间过久，脏物沉积堵塞，应经常对过滤器进行拆卸检修。

6. 滴头堵塞

引起滴头堵塞故障的原因主要有物理、化学和生物 3 个方面的因素，操作中要视不同情况进行处理，选用合理方法排除故障。

（1）物理因素。主要是水质不够清洁，水中含有大量泥沙、杂物等，极易造成滴头堵塞，故障排除方法是用高压水冲洗法清除滴头内的堵塞物。

（2）化学因素。主要是水中含有的铁、锰、硫等元素进行化学反应后，生成了不溶于水的物质，沉淀结垢使滴头堵塞，可选用酸处理法进行清除。

（3）生物因素。水中含有藻类、真菌等微生物沉积堵塞滴头，可用加氯处理法清除污物，排除故障。

第七章 植保机械的使用与维护

第一节 背负式电动喷雾器

一、背负式电动喷雾器概述

背负式电动喷雾器是以蓄电池为能源，驱动微型直流电机带动液泵进行工作的一种背负式喷雾器。它是在背负式手动喷雾器基础上改良的一种产品，它提高了喷雾器的工作效率，减轻了操作人员的负担，结构简单、操作容易、适用性广。目前它的生产量日益增长，有取代背负式手动喷雾器的趋势，将成为近几年植保机械的主打产品之一。

背负式电动喷雾器结构大同小异，与手动喷雾器外观相似，不同的是背负式电动喷雾器还包括电机泵、蓄电池、充电器等主要构成部分。电机泵是背负式电动喷雾器的核心部件，主要有活塞泵、隔膜泵、叶轮泵等。蓄电池最主要的区别是容量大小，一般采用 12 V 8~12 Ah 的铅酸蓄电池。市场上常用的充电器有负脉冲充电器和三段式充电器。

二、背负式电动喷雾器的使用

1. 背负式电动喷雾器的安装和调整

背负式电动喷雾器出厂时，一般药箱、蓄电池、电机泵等主要部件均已连接好，用户只需要自己连接喷射部件即可。背负式电动喷雾器的电机泵的工作压力可调整，一般隔膜泵都是采用压力开关来调整工作压力，使用时只需拧紧或松开隔膜泵泵头上的螺钉，就可以在一定范围内调整到需要的压力。

2. 使用中的安全技术要求

背负式电动喷雾器的喷射部件及农药的使用要求与背负式喷雾器相同，在这里重点谈谈电机泵、蓄电池、充电器的使用。

（1）电机泵的安全使用。叶轮泵的特点是其不易发生阻塞，可用于喷洒非水溶性粉剂，但喷洒农药后，叶轮容易受腐蚀磨损引起渗漏，因此，叶轮泵非常容易损坏，维修率高，国内使用叶轮泵的企业很少。隔膜泵不能用于喷洒非水溶性粉剂，否则膜片容易发生粘连、磨损或膨胀，造成泵不吸水。如果因特殊原因使用非水溶性粉剂和乳液，则必须在使用后，立即用清水将喷雾器和水泵冲洗干净，以减少对机具造成的伤害。

（2）蓄电池的安全使用。蓄电池是背负式电动喷雾器的动力源，是一种易耗品，并且价格较高，因此使蓄电池保持良好的工作状态，延长其使用寿命，既环保又节约成本。

（3）充电器的安全使用。充电器的正确操作是先插电池，后加市电；充足后，先切断市电，后拔插头。如果充电时先拔电池插头，特别是充电电流大（红灯）时，非常容易损坏充电器。

三、背负式电动喷雾器的常见故障与排除

1. 电机不转

故障原因及排除方法：若电源开关未打开，需要打开电源开关；若电路接线不好，出现接头松脱，需要将线路接好；若开关损坏或保险丝熔断，需要更换开关或保险丝；若蓄电机损坏，需要更换电机；若蓄电池电压低，需要充电或更换蓄电池。

2. 电机转，但不喷雾

故障原因及排除方法：原因可能为喷嘴堵塞、药箱盖进气嘴堵塞、泵阀堵塞、吸水口滤网堵塞、调压螺丝松动、调压弹簧失效、隔膜片失效等，需要对相应的部件进行清洗或更换。

3. 不能充电

故障原因及排除方法：原因可能为电池异常、充电器异常、接头连接不良、导线断路等，需要及时进行更换、重新连接或修复。

4. 电机泵不工作

故障原因及排除方法：原因可能为调压微动开关失效、船形开关接触不良、电机运转沉重、电源开关在"ON"位置等，需要进行更换或正确操作电源开关。

第二节　风送式喷雾机

一、风送式喷雾机概述

风送式喷雾机具有喷幅大、雾滴均匀性好、农药使用效率高和受环境制约少等优点。适用于对城市园林绿化、防风防沙林带、农田林网、公路绿化带、花带、路树、草原牧场等喷药防治病虫害；还可普遍应用于城市街道、车站码头、学校机场、垃圾场地等公共场所卫生防疫的喷药、杀菌、消毒。

根据动力输入形式，风送式喷雾机可分为车载式、拖挂式、悬挂式、自走式。

风送式喷雾机主要由药箱、取力器、压力泵、管路系统、流量控制阀、轴流风机、环状喷头分配管、喷头、机架和传动装置等组成。

二、风送式喷雾机的使用

1. 使用前的安全检查

1）配套动力发电机的检查与准备

①使用前务必仔细阅读发电机的使用说明书，特别注意各部分的安全操作要求。

②按照配套的发电机的使用说明书，做好使用前的检查工作，确认发电机处于正常工作状态。

③检查机油和燃油情况，并及时进行补充或更换。

2）药液泵的检查与准备

①检查各管道连接是否可靠、密封。

②检查压力调节机构是否灵活可靠。

③检查皮带松紧程度是否合适。

④检查压力是否合适。

⑤药液泵的喷雾出口阀门，应使其处于常开状态，维修药液管路时关闭。

3）风筒及转向、摆动机构的检查与准备

①检查风筒各部分连接状态，确保连接正常。

②检查风机叶轮状态，确保工作正常。

③检查转向，根据喷射方向调整好风机角度。

④对摆动机构的状态、润滑情况、灵活性等进行检查，同时调整摆幅和风筒角度。

4）药箱及进出药液部分的检查

①检查药箱是否有残液，加液和出液部分畅通情况，各管道连接是否紧固、密封，并及时进行清理和冲洗。

②箱内加入适量净洁的清水，及时检查加药孔的过滤装置，确保能够正常使用。

③操作人员必须经过培训后方可操作风送式喷雾机，而且应穿戴好防护用品，以防药液中毒。在处理农药时，应当遵守农药厂所提供的安全指示。

④操作者严禁直接与药液接触，一旦溅上药液即刻用清水冲洗。

⑤由于喷出的药雾很轻，易受风力影响，在进行喷雾操作时，操作人员应在上风头行走，以尽可能减少含药雾粒对人体的危害。

5）喷嘴的更换

①若需更换喷嘴，先取下原喷嘴，再安装合适喷量的喷嘴，更换时要确保喷嘴连接可靠、密封良好。

②更换喷嘴后，应调节药泵的压力，使其在额定工作压力下工作。

2. 使用中的注意事项

①发电机在运行中不要松开或重新调整限位螺栓和燃油量控制器螺栓，否则会直接影响机械性能。

②连接发电机的外部设备在运行中出现异常情况时，应立即关闭发电机，查找并排除故障。

③若出现电流过载，导致电源开关跳闸，应减小电路的负载，并等几分钟后再重新启动。

④直流输出端子只用于对蓄电池进行充电。

⑤蓄电池的正负极一定要连接正确，否则会损坏电池。

⑥直流及交流输出的总功率不能大于机组额定功率。

⑦禁止使用不符合要求的工作液，输出的电流不能超过发电机的额定输出电流。

⑧停机时应关闭发电机的主开关。

⑨加农药时应注意穿戴好防护用品。

三、风送式喷雾机的常见故障与排除

1. 无电力输出或电力输出不足

1）故障原因

①引擎转速过低。

②转子二极管损坏。

③转子损坏。

④定子损坏。

⑤断路器损坏。

⑥自动电压调节器（AVR）损坏。

⑦燃油不足。

⑧蓄电池电量不足。

⑨钥匙开关处于"关"位置。

⑩遥控接收机有问题。

⑪继电器与继电器座有松动现象、继电器触点接触不好、连接线松动。

2）排除方法

①将引擎转速调至规定水平。

②更换二极管。

③更换转子。

④更换定子。

⑤更换断路器。

⑥更换自动电压调节器（AVR）。

⑦加注燃油。

⑧对蓄电池充电或更换新蓄电池。

⑨将钥匙开关置于"开"位置。

⑩更换或修理遥控接收机。

⑪将继电器固定紧，若继电器触点有问题应更换，固紧连接线。

2. 有电力输出，但低于负荷要求

1）故障原因

①引擎转速过低。

②发电机和负荷间所用电线过长。

③负荷过大。

④声音不正常，转速间断得时快时慢。

⑤转速时快时慢。

2）排除方法

①将引擎转速升高至电压达到的额定值。

②将汽油发电机机组重新摆放，和负荷间距离尽量缩短。

③将负荷降低至低于发电机机组的容量限制。

④切断负荷，停机检查是否是燃油过少或空气进入喷油泵内。

⑤检查油路、气路有无堵塞现象，如有，清除修复。

3. 不发电

1）故障原因

①主开关没有打开。

②插座接触不良。

③碳刷已磨损。

2）排除方法

①打开主开关。

②调整插座。

③更换碳刷。

4. 蓄电池电量不足

1）故障原因

①发动机启动太频繁。

②不充电、充电部分有问题。

③蓄电池已损坏。

2）排除方法

①减少启动频次。

②检查充电线路故障并修复。

③更换蓄电池。

5. 风机无法启动

1）故障原因

①电源开关处于关闭状态。

②电器箱内漏电断路器处于关闭状态。

③风机电机的启动电容被击穿或电机烧坏。

④电器线路中有线头松动现象。

⑤遥控器失灵或损坏。

⑥发动机磨损过度，功率下降，电压过低。

⑦喷油泵及喷油嘴油量不足。

2）排除方法

①打开电源开关。

②检查是否漏电，确认不漏电后再合上漏电断路器。

③检修或更换电机。

④重新接好线路。

⑤修理或更换遥控器。

⑥对发动机进行大修。

⑦拆下喷油泵及喷油嘴并在试验台上检修。

6. 运行中风机突然出现转速不正常

1）故障原因

①发电机运转不正常。

②发电机燃油供给、喷油泵、喷油嘴有故障。

③发电机空滤部分堵塞。

④发电机输出电压不正常，电流过大。

2）排除方法

①切断负荷，停机检查。

②检查燃油、喷油泵、喷油嘴。

③检查清理发电机空滤部分。

④停机检查发电机。

第三节　背负式机动弥雾机

一、背负式机动弥雾机概述

背负式机动弥雾机（也称背负式机动喷雾喷粉机）是一种在我国广泛使用的既可以喷雾又可以喷粉的多用植保机械。弥雾机由于具有操纵轻便、灵活机动、生产效率高等特点，广泛用于较大面积的农林作物的病虫害防治工作，以及化学除草、叶面施肥、城市卫生防疫、消灭仓储害虫及家畜体外寄生虫等工作。它不受地理条件限制，在山区、丘陵地区，及零散地块上都很适用。

背负式机动弥雾机是采用气流输粉、气压输液、气力喷雾原理，由汽油机驱动的植保机械。主要由离心风机、汽油发动机、药箱、油箱、喷管和机架等组成。

二、背负式机动弥雾机的使用

1. 弥雾机的调整

1）汽油机转速的调整

机具经修理或拆卸后需要重新调整汽油机转速。

油门为硬连接的汽油机转速调整方法如下。第一步：安正并紧固化油器卡箍。第二步：启动汽油机，低速运转，逐渐提升油门操纵杆至上限位置，若转速过高，旋松油门拉杆上面的螺母，拧紧拉杆下面的螺母；若转速过低，则反向调整。

油门为软连接的汽油机转速调整方法如下。第一步：松开锁紧螺母。第二步：向下旋调整螺钉，转速下降；向上旋，转速上升。第三步：调整完毕，拧紧锁紧螺母。

2）粉门调整

当粉门操纵手柄处于最低位置，粉门关不严，有漏粉现象时，按以下方法调整粉门。第一步：拔出粉门轴与粉门拉杆连接的开口销，使拉杆与粉门轴脱离。第二步：用手扳动粉门轴摇臂，迫使粉门挡板与粉门体内壁贴实。第三步：粉门操纵杆置于调量壳的下限，调节拉杆长度（顺时针转动拉杆，拉杆即缩短；反之拉杆伸长），使拉杆顶端横轴插入粉门轴摇臂上的孔中，用开口销销住。

2. 安全使用要求

机具作业前应先按汽油机有关操作方法，检查其油路系统和电路系统后再进行启动。确保汽油机工作正常。

1）喷药作业步骤

机具处于喷雾作业状态。加药前先用清水试喷一次，保证各连接处无渗漏；加药时不要过急过满，以免从过滤网出气口溢进风机壳里；药液必须干净，以免喷嘴堵塞；加药后要盖紧药箱盖。

启动发动机，使之处于怠速运转。背起机具后，调整油门开关使汽油机稳定在额定转速左右，开启药液手把开关即可开始作业。

2）喷粉作业步骤

机具处于喷粉作业状态。关好粉门后加粉。粉剂应干燥，不得含有杂草、杂物和结块。加粉后旋紧药箱盖。

启动发动机，使之处于怠速运转。调整油门开关使汽油机稳定在额定转速，然后调整粉门操纵手柄进行喷撒。

使用薄膜喷粉管进行喷粉时，应先将喷粉管从手摇绞车的摇把上放出，再加大油门，使薄膜喷粉管吹起来，然后调整粉门喷撒。为防止喷管末端存粉，前进中应随时抖动喷管。

在背负式机动弥雾机使用过程中，必须注意防毒、防火、防事故发生，尤其应十分重视防毒。喷洒药剂的浓度较手动喷雾器大、雾粒极细、易吸进人体内引起中毒，因此必须引起重视。

三、背负式机动弥雾机的常见故障与排除

1. 启动困难

故障原因：打火系统工作异常；油路不畅、贫油或富油。

排除方法：清理火花塞积炭，打磨白金，调整白金间隙 0.25~0.35 mm，火花塞间隙 0.6~0.7 mm，观察打火颜色，正常应为蓝白色。如果不出火，则应检查高压线路部分是否断路、短路或接触不良，火花塞、高压线圈、电容器等是否被击穿，磁铁磁性是否减弱，转子与铁芯之间油污是否太多等，这些都属打火系统故障，应及时排除。油路部分应检查油箱是否有油，开关是否完全打开，油箱盖小孔是否堵塞，油管是否破裂及各接口是否牢固，三角针阀是否卡死，滤清器、滤网及其他部件是否过脏或堵塞，沉淀杯是否打开，调风量活塞及汽油泵是否正常等，这些都将影响正常供油。贫油或富油，应仔细检查主量孔是否堵塞或扩大，浮子室油面是否过高或过低，应调整浮子下平面与主量孔

齐平。贫、富油的调整以电极的干湿程度而定：若电极发白则表示贫油，主量孔针阀应向外旋出；电极湿润则表示富油，主量孔针阀应向内旋进，针阀调试以旋紧后再旋出 1.5 圈为宜。

2. 功率不足

故障原因：混合油不合要求；缸筒和活塞磨损间隙过大；油、气供应不佳。

排除方法：严格油料配制比例，即新机 50 h 内汽油与机油按 15∶1 混合，超过 50 h 后按 20∶1 混合；缸筒和活塞磨损间隙过大应进行镗缸、加大活塞或更换；仔细检查油路、气路是否堵塞或漏油、漏气，清除排气消音器内的积碳，保证油路、气路畅通。

3. 汽油机运转声音异常

故障原因：汽油牌号不合标准或混有水分；浮子室内有沉淀物；白金与火花塞间隙不对。

排除方法：选择汽油牌号符合 66~70 号的标准，避免水分混入；清除浮子室内的沉淀物；正确调整白金与火花塞间隙（白金间隙：0.25~0.35 mm，火花塞间隙：0.6~0.7 mm）。

4. 出雾量不足或不喷

故障原因：喷嘴、开关或过滤网孔等堵塞；挡风板未打开；药箱漏气；药箱内进气管拧成麻花；发动机功率不足等。

排除方法：疏通喷嘴、开关、过滤网透气孔；打开挡风板；补塞药箱漏气部位；疏通药箱进气管；检查、维修发动机使之达到有效功率。

第四节　喷杆式喷雾机

一、喷杆式喷雾机概述

喷杆式喷雾机是将液体分散开来的一种农机具，是农业施药机械的一种。该类喷雾机的作业效率高，喷洒质量好，喷液量分布均匀，适合大面积喷洒各种农药、肥料和植物生长调节剂等液态制剂，广泛用于大田作物、草坪、苗圃、墙式葡萄园及特定场合（如机场、道路融雪，公路边除草等）。近年来，大田喷杆式喷雾机作业面积已占到我国病虫草害防治面积的5%以上。随着农业种植结构的调整、规模化程度的提高，以及大中型拖拉机市场占有率的快速增长，喷杆式喷雾机将会发挥越来越重要的作用。

喷杆式喷雾机作为大田作物高效、高质量的喷洒农药的机具，近年来已深受我国广大农民的青睐。该机具可广泛用于大豆、小麦、玉米和棉花等农作物的播前土壤处理、苗前土壤处理、作物生长前期灭草，及病虫害防治。装有吊杆的喷杆式喷雾机与高地隙拖拉机配套使用可进行棉花、玉米等作物生长中后期病虫害防治。该类机具的特点是生产率高，喷洒质量好（安装狭缝喷头时喷幅内的喷雾量分布均匀性变异系数不大于20%），是一种理想的大田作物用大型植保机械。

按喷杆的形式分，喷杆式喷雾机可分为横喷杆式、吊杆式和气袋式3类。横喷杆式喷杆水平配置，喷头直接装在喷杆下面，是常用的机型。吊杆式在横喷杆下面平行地垂吊着若干根竖喷杆，作业时，横喷杆和竖喷杆上的喷头对作物形成"门"字形喷洒，使作物的叶面、叶背等处能较均匀地被雾滴覆盖；主要用在棉花等作物的生长中后期喷洒杀虫剂、杀菌剂等。气袋式在喷杆上方装有一条气袋，有一台风机往气袋供气，气袋上正对每个喷头的位置都开有一个出气孔；作业时，喷头喷出的雾滴与从气袋出气孔排出的气流相撞击，形成二次雾化，并在气流的作用下，喷向作物，气流对作物枝叶有翻动作用，有利于雾滴在叶丛中穿透及在叶背、叶面上均匀附着；主要用于对棉花等作物喷施杀虫剂；这是一种较新型的喷雾机，我国目前正处在研制阶段。

按与拖拉机的连接方式分，喷杆式喷雾机可分为悬挂式、固定式和牵引式3类。悬挂式喷雾机通过拖拉机三点悬挂装置与拖拉机相连接。固定式喷雾机各部件分别固定地装在拖拉机上。牵引式喷雾机自身带有底盘和行走轮，通过牵引杆与拖拉机相连接。

按机具作业幅宽分，喷杆式喷雾机可分为大型、中型和小型3类。大型喷幅在18 m以上，主要与功率36.7 kW以上的拖拉机配套作业；大型喷杆式喷雾机大多为牵引式。中型喷幅为10~18 m，主要与功率在20~36.7 kW的拖拉机配套作业。小型喷幅在10 m以下，配套动力多为小四轮拖拉机和手扶拖拉机。

喷杆式喷雾机的主要工作部件包括液泵、药箱、喷头、防滴装置、搅拌器、桁架式喷杆和管路控制部件等。

二、喷杆式喷雾机的使用

1. 喷杆式喷雾机的安全使用要求

（1）操纵者必须有拖拉机驾驶证并经过专业培训。

（2）操作喷杆式喷雾机前确认拖拉机和喷杆式喷雾机符合工作安全和道路交通法规的规定。

（3）任何时候都不要让儿童爬上拖拉机、喷杆式喷雾机或在喷杆式喷雾机附近玩耍。

（4）启动喷杆式喷雾机或开始工作前检查喷杆式喷雾机四周，确保所有人员和动物都已远离喷杆式喷雾机的危险区域。

（5）启动喷杆式喷雾机之前，测试所有的零部件，并且进行适当的保养。

（6）作业或行驶时喷杆式喷雾机上均严禁搭载人或动物。

（7）不要突然刹车或者启动，以免伤人。

（8）不要在透气性不好的地方操纵喷杆式喷雾机，以防中毒。

（9）不要站在喷杆式喷雾机转动部件的转动和回转区域内。

（10）喷杆的折叠处有挤压、剪切的危险。折叠时人应站在喷杆的外侧端头，用手抓住喷杆，慢慢送到折叠位置，切不可突然松手，以免造成挤压或剪切伤人。

（11）保持所有扶梯和机身踏板的清洁，以免发生事故。

（12）随机配备的水壶仅用于盛装清洗用水，以清洗被农药污染的部位，不得饮用。

（13）严禁操作人员酒后（包括饮用镇静剂、兴奋剂）、带病或过度疲劳时驾驶。

（14）未满 18 周岁的少年、年满 60 周岁的老人、孕妇、残疾人、精神病患者，以及未掌握喷杆式喷雾机使用规则的人员不准操作喷杆式喷雾机。

2. 喷杆式喷雾机操作

（1）操作喷杆式喷雾机前，使所有的控制装置都处于"空挡"位置，即停止状态。

（2）根据路况和地况调整行驶速度，不能超速行驶；在任何情况下都应避免急转弯。

（3）在运输、行进过程中注意避开行人、电缆及其他障碍物。

（4）使用安全带，确保操作人员自身的安全。

（5）遇有危险情况时用喇叭报警。

（6）喷杆式喷雾机一旦发出异常声响，应立即停机，查找原因。

（7）转弯时要注意喷杆式喷雾机的悬挂部分，喷杆式喷雾机的长度、宽度和重量等均会造成喷杆式喷雾机重心的偏移。

（8）拖拉机的控制能力、转向灵活性、牵引力、地面附着力和刹车效果受到其挂接农具的重量和种类、拖拉机前配重的重量、路况和地况等方面的影响。因此，在驾驶时对所有情况都要有足够的重视。

（9）当发动机运行时或者喷杆式喷雾机工作的时候，不要离开驾驶座位。

（10）离开拖拉机前将喷杆式喷雾机降落到地面上，分离动力输出轴、关闭发动机、拉起停车制动、将挡位置于"空挡"位置并且拔出钥匙。

（11）喷杆式喷雾机停止工作时必须加上停车制动。

（12）不要把设备停放在倾斜地面上。

（13）视野或光线不好时，不得操纵喷杆式喷雾机。

3. 田间作业

（1）每一种农药都有其适用的喷嘴，喷洒量会因不同的药剂而不同；当选择喷嘴的时候天气也是一个很重要的方面。因此要综合考虑来选择合适的喷嘴。

（2）注意观察仪表和信号装置，有异常情况及时停车检查。

（3）加速或者减速要缓慢，防止速度快速变更对喷杆式喷雾机造成损坏。

（4）在开始启动喷雾机之前，保证已经折叠好踏梯。

（5）为了避免对喷雾机结构的损坏，药箱装满以后不要上下移动喷雾机。

（6）不要走坑洼的路以免对喷雾机的机械性能造成损坏，尤其是对车身的底盘、悬挂架和喷杆。

（7）切勿使发动机超载；在发动机高速旋转时不要突然刹车。

三、喷杆式喷雾机的常见故障与排除

1. 调压失灵

1）故障原因

①泵转速低。

②过滤芯堵塞。

③出水管受阻。

④系统泄漏。

⑤喷嘴堵塞。

⑥泵进水管吸瘪或折死。

⑦泵工作隔膜破裂。

⑧隔膜泵进出水阀被杂物卡住或损坏。

⑨隔膜泵调压阀的柱塞卡死在回水体的孔中。

⑩隔膜泵调压阀座磨损或调压阀座与锥阀之间有杂物。

⑪压力表损坏。

⑫泵进水管漏气。

⑬调压阀部件损坏。

⑭调压阀阻塞卡死。

⑮调压阀锁紧螺母位置不对。

2）排除方法

①调整动力输入转速至泵的额定转速。

②清洗过滤滤芯。

③检查过滤器与泵之间的水管有没有扭曲，若扭曲需更换水

管；检查药箱到过滤器之间的水管是否堵塞，若堵塞需排除。

④药箱加满水，打开阀门，查看水流是否顺畅；检查药箱出口和泵进口的环形卡箍是否连接好，若未连接好需更换卡箍。

⑤检查喷嘴流速是否达到推荐值；当流速小于规定的10%时更换喷嘴，只使用推荐制造商的喷嘴。

⑥更换泵进水管。

⑦更换泵工作隔膜。

⑧拆开隔膜泵侧盖，清除杂物或更换进出水阀。

⑨拆开调压阀，进行检查清洗；调整至柱塞在回水体孔中能来回活动即可。

⑩反复扳动减压手柄几次，冲去杂物，如果没有效果则应拆开调压阀进行检查清洗或更换锥阀。

⑪修理、更换压力表。

⑫检查修理、更换泵进水管。

⑬更换调压阀部件。

⑭将调压阀卸下、蘸机油冲洗后重装。

⑮重新调整锁紧螺母位置。

2. 喷头不喷雾

1）故障原因

①喷孔堵塞。

②液泵不供液。

2）排除方法

①清除堵塞物。

②检查液泵，清洗吸水三通阀处的过滤器。

3. 动力不足，喷药量不足

1）故障原因

①液泵没有启动。

②药箱缺药液。

③滤芯不清洁。

④水管扭曲或堵塞。

⑤系统泄漏。

2）排除方法

①检查液泵的连接。

②加注药液。

③清洗滤芯，或者根据水质选择滤芯。

④检查过滤器与泵之间的水管是否扭曲，若扭曲需更换水管；若堵塞需排除堵塞异物。

⑤检查过滤器密封圈是否泄漏，若泄漏需更换密封圈。

4. 压力表针振动过大，泵出水管抖动剧烈

1）故障原因

①泵空气室充气压力不足或过大。

②泵阀门损坏。

③泵空气室膜片或隔膜损坏。

④压力表下的阻尼开关手柄位置不恰当。

⑤压力过高或管路有气体贮存。

2）排除方法

①向泵空气室充气或放气至适当压力。

②检查更换阀门组件（切勿装反）。

③更换泵空气室膜片或隔膜片。

④调整开关手柄至合适位置。

⑤全部卸压后重新加压。

5. 吸不上水

1）故障原因

①换向阀漏气或手柄位置不对。

②泵进水管路严重漏气或堵塞。

③泵进、出水阀门内的阀片卡死或严重磨损。

④泵进、出水阀门弹簧折断。

⑤吸水高度过高。

⑥泵进水管吸瘪或折死。

2）排除方法

①拆卸清洗更换密封圈或改变手柄位置。

②检查泵进水管所有连接部位是否漏气，若漏气需旋紧卡箍；检查是否有堵塞处，若堵塞需排除。

③逐个拆卸泵盖检查，更换阀门组件（切勿装反）。

④更换泵进、出水阀门弹簧。

⑤降低吸水高度，应小于 4 m 或另选水源。

⑥更换泵进水管。

第五节 植保无人机

一、植保无人机概述

无人机是一种有动力、可控制、能携带多种任务设备、执行多种任务、能重复使用的无人驾驶航空器。无人机没有驾驶舱，但安装有自驾仪、飞行姿态控制等设备，以助推、垂直起降、喷射起飞等方式起飞，以降落伞、拦阻索、接收网等方式回收，可多次使用。无人机在民用领域主要应用在航空摄影、地面灾害评估、航空测绘、交通监视、消防、人工增雨等方面。无人机在农田中的应用逐渐开始出现，主要集中在农田信息遥感、灾害预警、施肥喷药等领域。

农用无人机有多种分类方法：按动力来源，分为电动和油动；按机型结构，分为固定翼、单旋翼、多旋翼和热动力飞行器；按起飞方式，分为助跑起飞、垂直起飞、垂直降落等。

植保无人机作业相对于传统的人工喷药作业和机械装备喷药有很多优点：作业高度低、飘移少、可空中悬停、无须专用起降机场、旋翼产生的向下气流有助于增加雾流对作物的穿透性、防治效果好、可远距离遥控操作、喷洒作业安全性高等。无人机喷洒技术采用喷雾喷洒方式至少可以节约50%的农药使用量、90%的用水量，这很大程度上节约了资源成本。

二、植保无人机的作业流程

1. 确定防治任务

展开飞防服务之前，需要确定防治农作物类型、作业面积、地形、病虫害情况、防治周期、使用药剂类型，以及是否有其他特殊要求。具体来讲就是勘察地形是否适合飞防、测量作业面积、确定农田中的不适宜作业区域（障碍物过多可能会有炸机隐患）、与农户沟通、掌握农田病虫害情况报告，以及确定防治任务所用的药剂。

需要注意的是，药剂一般由农户自主采购或者由地方植保站等机构提供，药剂种类较杂且有大量的粉剂类农药。由于粉剂类农药需要大量的水去稀释，而植保无人机要比人工省90%的水量，所以不能够完全稀释粉剂，容易造成植保无人机喷洒系统堵塞，影响作业效率及防治效果。因此，需要和农户提前沟通，让其购买非粉剂农药，比如水剂、悬浮剂、乳油等。

另外，植保无人机作业效率根据地形一天为 200～600 亩（1 亩 ≈ 667 m^2，全书同），所以需要提前配比充足药量，或者由飞防服务团队自行准备飞防专用药剂，进而节省配药时间、提高作业效率。

2. 确定飞防队伍

确定防治任务后，就需要根据农作物类型、面积、地形、病虫害情况、防治周期和单台植保无人机的作业效率，来确定飞防人员、植保无人机数量，以及运输车辆。一般农作物都有一定的防治周期，在这个周期内如果没有及时将任务完成，将达不到预期的防治效果。对于飞防服务队伍而言，首先应该做到的是保证防治效果，其次才是如何提升效率。

举例来说，假设防治任务为水稻 2 500 亩，地形适中，病虫期在 5 天左右，单旋翼油动植保无人机保守估计日作业面积为300 亩。300 亩×5 天 = 1 500 亩，所以需要出动 2 台单旋翼油动植保无人机：1 台单旋翼油动植保无人机作业最少需要 1 名飞手（操作手）和 1 名助手（地勤），所以此防治任务需要 2 名飞手与 2 名助手。最后，1 台中型面包车即可搭载 4 名人员和 2~3 架单旋翼油动植保无人机。

需要注意的是，考虑到病虫害的时效性及无人机在农田相对恶劣的环境下可能会遇到突发问题等因素，飞防作业一般可采取2 飞 1 备的原则，以保障防治效率。

3. 环境天气勘测及相关物资准备

首先，进行植保飞防作业时，应提前查询作业地方近几日的天气情况（温度及是否有伴随大风或者雨水），恶劣天气会对作业造成困扰。提前确定这些数据，更方便确定飞防作业时间及其他安排。其次是物资准备，电动多旋翼需要动力电池（一般为5~10 组）、相关的充电器，以及当地作业地点不方便充电时可能要随车携带发电设备。单旋翼油动植保无人机则要考虑汽油的问题，因为国家对散装汽油的管控，所以要提前加好所需汽油或者掌握作业地加油条件（一般采用 97 号汽油），到当地派出所申请农业散装用油证明备案。最后是准备相关配套设施，如农药配比和运输需要的药壶或水桶、飞手和助手协调沟通的对讲机，以及相关作业防护用品（眼镜、口罩、工作服、遮阳帽等）。如果防治任务是包工包药的方式，就需要飞防团队核对药剂类型与需要防治作物病虫害是否符合，数量是否正确。

一切准备就绪，天气适中，近期无雨水、无大风（一般超过3级风将会把药剂吹走散失），即可出发前往目的地开始飞防任务。

4. 开始飞防作业

首先，飞防团队应提前到达作业地块，熟悉地形、检查飞行航线路径有无障碍物、确定飞机起降点，及作业航线基本规划。

其次，进行农药配置，一般需根据植保无人机作业量提前配半天到一天所需药量。

最后，植保无人机起飞前检查，相关设施测试确定（如对讲机频率、喷洒流量等），然后报点员就位，飞手操控植保无人机进行喷洒服务。

在保证作业效果效率（例如，航线直线度、横移宽度、飞行高度、是否漏喷重喷）的同时，飞机与人或障碍物的安全距离也非常重要。任何飞行器突发事故时对人危险性较高，作业过程必须时刻远离人群，助手及相关人员要及时疏散作业区域人群，保证飞防作业安全。

用药时应使用高效、低毒、检测无残留的生物农药，以避免在喷洒过程中对周围的动植物产生不良影响、纠纷和经济赔偿。气温高于 35 ℃时，应停止施药，高温对药效有一定影响。

一天作业任务完毕，应记录作业结束点，方便第二天继续在前一天作业田块位置进行喷洒。然后是清洗保养植保无人机、对其系统进行检查、检查各项物资消耗（农药、汽油、电池等）。记录当天作业亩数和飞行架次、当日用药量与总作业亩数是否吻合等，从而为第二天作业做好准备。

三、植保无人机的常见故障与排除

1. 出现 GPS 长时间无法定位的情况

冷静下来等待，因为 GPS 冷启动需要时间。如果等待几分钟后情况依旧没有好转，可能是因为 GPS 天线被屏蔽，GPS 被附近的电磁场干扰，需要把屏蔽物移除、远离干扰源、将其放置到空旷的地域，看是否好转。另外，造成这种情况的原因也可能是 GPS 长时间不通电，作业田块位置与上次 GPS 定位的点距离太长，或者是在植保无人机定位前打开了微波电源开关；尝试关闭微波电源开关，关闭系统电源，间隔 5 s 以上重新启动系统电源等待定位。如果此时还不定位，可能是 GPS 自身性能出现问题，需要将其拿给专业的植保无人机维修人员处理。

2. 控制电源打开后，地面站收不到来自无人机的数据

检查是否连线接头松动了或者没有连接，是否点击地面站的链接按钮、串口是否设置正确、串口波特率是否设置正确、地面站与植保无人机的数传频道是否设置一致、植保无人机上的 GPS 数据是否送入飞控，其中只要有一个环节出问题就无法通信，检查无误后重新连接。如果检查无误后还是连接不上，重新启动地面站电脑和植保无人机系统电源，一般都可以连上通信。

3. 在自动飞行时偏离航线太远

首先，检查植保无人机是否调平，调整植保无人机到无人干预下能直飞和保持高度飞行。其次，检查风向及风力，因为大风也会造成此类故障，应选择在风小的时候起飞植保无人机。最后，检查平衡仪是否放置在合适的位置，把植保无人机切换到手动飞行状态，把平衡仪放置到合适的位置。

4. 舵机发出来回定位调整的响声

有的舵机无滞环调节功能，控制死区范围小，当输入信号和

反馈信号波动，它们的差值超出控制死区时，舵机就发出信号驱动电机。另外，由于没有滞环调节功能，如果舵机齿轮组机械精度差，齿虚位大，带动反馈电位器的旋转步范围就已超出控制死区范围，那舵机必将来回定位调整。

第八章　联合收割机的使用与维护

第一节　小麦联合收割机

小麦联合收割机是在收割机、脱粒机基础上发展起来的一种联合作业机械，可以一次性完成收割、脱粒、分离、清选、输送、收集等作业，直接获得清选干净的粮食。

一、基本构造

目前，我国小麦联合收割机主要有全喂入轮式自走式联合收割机、全喂入履带自走式联合收割机、与轮式拖拉机配套使用的全喂入悬挂式（背负式）联合收割机（含单动刀、双动刀）、半喂入履带自走式联合收割机、采用割前脱粒割台的掳穗式联合收割机、与手扶拖拉机配套使用的微型全喂入联合收割机等。其中全喂入轮式自走式联合收割机、与轮式拖拉机配套使用的全喂入悬挂式联合收割机在我国小麦收获中应用最为广泛，为主要机型。

（一）悬挂式小麦联合收割机

悬挂式小麦联合收割机主要由割台、输送器、脱粒清选装置、悬挂装置4大部分组成。割台在拖拉机的前方，输送器在拖拉机的一侧，脱粒清选装置在拖拉机的后方。割台进行切割作业，输送器把作物由割台送往脱粒清选装置，脱粒清选装置完成脱粒、分离、清选、装袋等工作，前、后悬挂架把割台和脱粒清选装置固定在拖拉机上。

（二）自走式小麦联合收割机

自走式小麦联合收割机主要由以下几部分组成。

（1）发动机。行走和各部件工作所需的动力都由它供给。

（2）驾驶室（台）。包括转向盘总成、离合器操纵杆、卸粮离合器操纵杆、行走离合器踏板、制动器踏板、拨禾轮升降手柄、无级变速油缸操纵手柄、油门踏板、变速杆、熄火油门手柄、喇叭按钮、综合开关总成、各种仪表等，供驾驶员操纵小麦联合收割机用。

（3）割台。包括拨禾轮、切割器、割台搅龙、倾斜输送器等。

（4）脱粒部分。包括滚筒、凹版、复脱器等。

（5）清选部分。包括逐稿器、筛箱、风扇等。

（6）储粮、卸粮装置。包括粮食推运、升运器、粮箱等。

（7）底盘。包括无级变速机构、行走离合器、变速箱、后桥等。

（8）液压系统。包括液压油泵、油缸、分配阀和油箱、滤清器、油管等。

（9）电气系统。这个系统负担着发动机的启动、夜间照明、信号等，包括蓄电池、启动机、发电机、调节器、开关、仪表、传感装置、指示灯、照明灯、音响信号等。

二、田间作业

（一）小麦联合收割机的磨合与调试

小麦联合收割机作业前，应进行空转磨合、行走试运转和负荷试运转。

1. 空转磨合

1）机组运转前的准备工作

①摇动变速杆使其处于"空挡"位置，打开籽粒升运器壳盖和复脱器月牙盖，滚筒脱粒间隙调到最大。

②将联合收割机内部仔细检查清理。

③检查零部件有无丢失损坏、机器有无损伤、装配位置是否正确、间隙是否合适。

④检查各传动三角带和链条（包括倾斜输送器和升运器输送链条）是否按规定张紧，调整是否合适。

⑤用手拉动脱粒滚筒传动带，观察各部件转动是否灵活。

⑥按润滑表规定对各部位加注润滑脂和润滑油。

⑦检查各处尤其是重要连接部位紧固件是否紧固。

2）空转磨合

检查机器各部位正常后，鸣喇叭使所有人员远离机组，启动发动机，待发动机转动正常后，调整油门使发动机转速为600~800 r/min，结合工作离合器，使整个机构运转，逐渐加大油门至正常转速，悬挂式联合收割机运转 30 min 以上。此间应每隔 30 min 停机一次进行检查，发现故障应查明原因并及时排除。

3）检查

磨合过程中，应仔细观察是否有异响、异振、异味，以及"三漏"（漏油、漏气、漏水）现象。运转过程中应进行以下操作和检查。

①缓慢升降割台、拨禾轮、无级变速油缸；仔细检查液压系统工作是否准确可靠，有无异常声音，有无漏油、过热及零部件干涉现象。

②扳动电器开关，观察前后照明灯、指示灯、喇叭等是否正常。

③反复结合和分离工作离合器、卸粮离合器，检查结合和分离是否正常。

④检查各运转部位是否发热，紧固部件是否松动，各 V 带和链条张紧度是否可靠，仪表指示是否正常。

⑤联合收割机各部件运转正常后应将各盖关闭，栅格凹版间隙调整到工作间隙之后，方可与行走试运转同时进行。

2. 行走试运转

联合收割机无负荷行走试运转，应由 1 挡起步，逐步变换到 2 挡、3 挡，由慢到快运行，还要穿插进行倒挡运转。要经常停车检查并调整各传动部位，保证正常运转。自走式联合收割机空载试运转时间为 25 h。

3. 负荷试运转

联合收割机经空转磨合和无负荷行走试运转，一切正常后，就可进行负荷试运转，也就是进行试割。负荷试运转应选择地势较平坦、无杂草、小麦无倒伏且成熟程度较一致的地块进行。有时也可先向割台均匀输入小麦以检查喂入和脱粒情况，然后进行试割。当机油压力达到 0.3 MPa、水温升至 60 ℃时，开始以小喂入量低速行驶，逐渐加大负荷至额定喂入量。应注意无论负荷大小，发动机均应以额定转速全速工作，试割时应注意检查调整割台、拨禾轮高度、滚筒间隙大小、筛孔开度等，根据需要调整到要求的技术状态。负荷试运转应不低于 15 h。注意收割作业时，拖拉机使用 1 挡、2 挡。

经发动机和收割机的上述试运转后，按联合收割机使用说明书规定，进行一次全面的技术保养。自走式联合收割机需清洗机油滤清器，更换发动机机油底壳的机油。

按试运转过程中发现的问题对发动机和收割机进行全面的调整，只有在确保机器技术状态良好的情况下，才可正式投入大面积的正常作业。

(二) 小麦联合收割机收割前的准备

1. 麦收出发前的机组准备

机组进行磨合试运转及相关保养，使其符合技术要求。

麦收之前要根据情况确定是在当地作业还是跨区作业，提前制订好作业计划，并进行实地考察、提前联系。确定好机组作业人员，一般小麦联合收割机需要驾驶员 1~2 名，辅助工作人员 1~3 名，联系配备 1~2 辆卸粮车。出发之前要准备好有关证件（身份证、驾驶证、行车证、跨区作业证等）、随机工具、易损件等配件，做到有备无患。

2. 作业地块检查和准备

为了提高小麦联合收割机的作业效率，应在收获前把地块准备好，主要包括下列内容。

(1) 查看地头和田间的通过性。若地头或田间有沟坎，应填平和平整，若地头沟太深应提前勘察好其他行走路线。

(2) 捡走田间对收获有影响的石头、铁丝、木棍等杂物。查看田间是否有陷车的地方，做到心中有数，必要时做好标记，特别是夜间作业一定要标记清楚。

(3) 若地头有沟或高的田埂，应人工收割地头。若地块横向通过性好可使用收割机横向收割，不必人工收割。电线杆及水利设施等周围的小麦需要人工收割。

(4) 查看小麦的产量、品种和自然高度，以作为收割机进行收获前调试的依据。

3. 卸粮的准备

(1) 用麻袋卸粮的小麦联合收割机，应根据小麦总产量准备足够的装小麦用的麻袋和扎麻袋口用的绳子。

(2) 粮仓卸粮的小麦联合收割机，应准备好卸粮车。卸粮

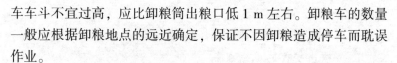

车车斗不宜过高，应比卸粮筒出粮口低 1 m 左右。卸粮车的数量一般应根据卸粮地点的远近确定，保证不因卸粮造成停车而耽误作业。

（三）小麦联合收割机的操作

1. 小麦联合收割机入地头时的操作

（1）行进中开始收获。若地头较宽敞、平坦，机组开进地头时可不停车就开始收割，一般应在离麦子 10 m 左右时，平稳地结合工作离合器，使联合收割机工作部件开始运转，并逐渐达到最高转速，应以大油门低前进速度开始收割，不断提高前进速度，进入正常工作。

（2）由停车状态开始收割。若地头窄小、凹凸不平，无法在行进中进入地头开始收割，需反复前进和倒车以对准收割位置，然后结合工作离合器，逐渐加油门至最大，平稳结合行走离合器，开始前进，逐渐达到正常作业行进速度。

（3）收割机的调整。收割机进入地头前应根据收割地块的小麦产量、干湿程度和高度对脱粒间隙、拨禾轮的前后位置和高度等部位进行相应的调整。悬挂式小麦联合收割机应在进入地头前进行调整，自走式小麦联合收割机可在行进中通过操纵手柄随时调整。

（4）要特别注意收割机应以低速度开始收获，但开始收割前发动机一定要达到正常作业转速，使脱粒机全速运转。自走式小麦联合收割机，进入地头前，应选好作业挡位，且使无级变速降到最低转速。需要增加前进速度时，尽量通过无级变速实现，以避免更换挡位，收获到地头时，应缓慢升起割台，降低前进速度以拐弯，但不应减小油门，以免造成脱粒机滚筒堵塞。

2. 小麦联合收割机正常作业时的操作

（1）选择大油门作业。小麦联合收割机收获作业应以发挥最大的作业效率为原则，在收获时应始终以大油门作业，不允许以减小油门的方式来降低前进速度，因为这样会降低滚筒转速，造成作业质量降低，甚至堵塞滚筒。如遇到沟坎等障碍物或倒伏作物需降低前进速度时，可通过无级变速手柄使前进速度降到适宜速度，若达不到要求，可踩离合器摘挡停车，待滚筒中小麦脱粒完毕时再减小油门挂低挡位减速前进。悬挂式小麦联合收割机也应采取此法降低前进速度。减油门换挡要快，一定要保证再次收割时发动机加速到规定转速。

（2）前进速度的选择。小麦联合收割机前进速度的选择主要应考虑小麦产量、自然高度、干湿程度、地面情况、发动机的负荷、驾驶员技术水平等因素。无论是悬挂式还是自走式小麦联合收割机，喂入量是决定前进速度的关键因素。前进速度的选择不能单纯以小麦产量为依据，还应考虑小麦切割高度、地面平坦程度等因素。一般小麦亩产量在 300~400 kg 时可以选择 2 挡作业，前进速度为 3.5~8 km/h；小麦亩产量在 500 kg 左右时应选择 1 挡作业，前进速度为 2~4 km/h；一般不选择 3 挡作业，当小麦亩产量在 250 kg 以下，地面平坦且驾驶员技术熟练，小麦成熟好时可以选择 3 挡作业，但速度也不宜过高。

（3）不满幅作业。当小麦产量很高或湿度很大，以最低速前进发动机仍超负荷时，就应减少割幅收获。就目前各地小麦产量来看，一般减少到 80% 的割幅即可满足要求，应根据实际情况确定。当收获正常产量小麦，最后一行不满幅时，可提高前进速度作业。

（4）潮湿作物的收获。当雨后小麦潮湿，或小麦未完全成熟但需要抢收时，由于小麦潮湿，收割、喂入和脱粒都增加阻力，应降低前进速度。若仍超负荷，则应减少割幅。若时间允许应安排在中午以后，作物稍微干燥时收获。

（5）干燥作物的收获。当小麦已经成熟，过了适宜收获期，收获时易造成掉粒损失，应将拨禾轮适当调低，以防拨禾轮板打麦穗而造成掉粒损失，即使收割机不超负荷，前进速度也不应过快。若时间允许，应尽量安排在早晨或傍晚，甚至夜间收获。

（6）割茬高度和拨禾轮位置的选择。当小麦自然高度不高时，可根据当地的习惯确定合理的割茬高度，可把割茬高度调整到最低，但一般不宜低于 150 mm。当小麦自然高度很高、小麦产量高或潮湿、小麦联合收割机负荷较大时，应提高割茬高度，以减少喂入量、降低负荷。

（7）过沟坎时的操作。当麦田中有沟坎时，应适当调整割台高度，防止割刀吃土或割麦穗。当机组前轮压到沟底时会使割台降低，应在压到沟底的同时升高割台，直至机组前轮越过沟坎时，再调整割台至适宜高度。机组前轮压到高的田埂时，应立即降低割台；机组前轮越过田埂时，应迅速升高割台，并且操作要快、动作要平稳。

3. 倒伏谷物的收获

横向倒伏的作物收获时，只需将拨禾轮适当降低即可，但一般应在倒伏方向的另一侧收割，以保证作物分离彻底，喂入顺利，减少割台碰撞麦穗而造成的掉粒损失。

纵向倒伏的作物一般要求逆向（小麦倒向割台）收获，但逆向收获需空车返回，严重降低了作业效率。当作物倒伏不是很严重时，应双向收获。逆向收获时应将拨禾轮板齿调整到向前倾斜 15°～30°的位置，并且将拨禾轮降低和向后；顺向收获时应将拨禾轮的板齿调整到向后倾斜 15°～30°的位置，并且将拨禾轮升高和向前。

三、维护与保养

（一）日常保养

1. 清洁保养

主要指对小麦联合收割机进行彻底清扫保洁。在每天收割作业开始前或在收割作业结束后，应把收割机的所有检视孔盖全部打开，防护罩全部拆除，彻底清扫驾驶室内、驾驶台、发动机外表、风扇蜗壳内外、割台、变速箱外部等重要部件及装置上的污物。清扫完成后，可通过让收割机大功率运转 5 min 的方式，更好地排尽草屑尘污。最后，用清水擦洗或冲洗机器外部，再采用相同的方法高速运转收割机，以迅速排湿除水。

2. 润滑系统保养

小麦联合收割机的说明书会对需要润滑的构件、润滑油的使用时间、使用润滑油的型号等重要内容以图表的形式予以详细说明。所以，在润滑系统保养前，应首先认真阅读说明书。一般而言，轴套、轴承、外露传动齿轮、链条、刀具等摩擦频繁、外露和需要防锈的部位均为润滑系统保养的重点部位。在润滑保养前，应对净油嘴、加油口、润滑部位的表面进行洁净处理，擦除表面的油污尘土。发动机底壳的润滑油添加量以油标尺上下刻度间的标高为限。对链条、齿轮应每天通过抹刷润滑油的方式进行润滑保养。对含油轴承、传动链应在每年麦收作业全部结束后，从机体上拆卸下来，并在润滑油中浸泡至少 2 h 后，做入库保存。对新购买或刚刚进行大修处理的小麦联合收割机，在试运行之后，尤其要注意把变速箱中的油全部排空，并做清洗保洁处理，保证在无油污尘灰的情况下方可加入新油。

润滑油的使用，要做到 3 个禁止，即禁止新旧润滑油混搭使用，混用的后果是由于旧润滑油含有氧化性较强的物质，会使润

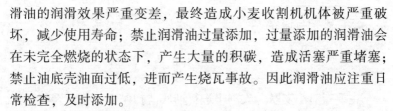

滑油的润滑效果严重变差，最终造成小麦收割机机体被严重破坏，减少使用寿命；禁止润滑油过量添加，过量添加的润滑油会在未完全燃烧的状态下，产生大量的积碳，造成活塞严重堵塞；禁止油底壳油面过低，进而产生烧瓦事故。因此润滑油应注重日常检查，及时添加。

3. 散热器保养

由于小麦联合收割机在麦收过程中，多面临尘土多、污物多的恶劣工作环境，散热器很容易被杂物堵塞，最终造成滤网堵塞，发动机开锅。因此，在麦收作业前，清除散热器上的污物变得尤为重要。联合收割机的散热器一般多装有水箱罩，水箱罩堵塞时，要及时进行处理。处理顺序应从旋转水罩左侧下方手柄开始，按机器上标识的箭头方向使力，进气孔道会随着手柄的旋转被上下挡风板彻底封闭，灰尘草屑等杂物随之脱落。另外，还要保证散热器网格无杂物，对顽固性、难以清除的杂物可采用高压水冲洗。空气滤清器要保证每日清理 1 次以上。尤其是自动除尘器的旋转滤网，至少在每天麦收作业结束后清理 1 次。

4. 链条及钢索保养

链条和钢索作为重要运作部件，应加强检查和调整。

（1）链条。应按照说明书的参考值，检查张紧挂钩的下附距离。如距离过大，则应调紧弹簧，防止链条松动。当采取调紧弹簧的方法，仍不能使链条距离满足要求时，可以卸下 2 节链条，保证张紧挂钩的下附距离符合要求。对左右穗端的链条，应重点检查张紧度，如滚轮轴与罩的长孔部位无空隙，则说明链条已松，可通过卸下 2 节链条予以调整。

（2）钢索。应首先检查有无表面毁损、变形情况，并依据检查结果确定选择是否需要作更换处理。为保证离合器手柄能够自由运转，应着情调节螺栓和适当调整离合器钢索。同时为保证踏板自由行程符合说明书标准距离，应对停车制动钢索进行微调。

（二）入库保养

小麦联合收割机只在季节性麦收时工作，所以入库存放时间所占比例较大。入库后收割机的保养质量直接关系到机器的使用效能和使用效益。为此，在入库保养中应着重注意以下 8 个要点。

1）清洁保养

在入库前，可采取机器大功率空转运行的方式，清除机器表面的泥土、草屑、尘埃等附着物，尤其要清除可能残留小麦籽粒的装置构件以及构件间的接口，避免污物损毁机器。

2）蓄电池保养

在把蓄电池卸下后，应对电解液含量和比重进行检查及适量补充调整，并每间隔 1 个月予以充电，保证蓄电池电量处在持续充足状态。蓄电池应单独放置在通风干燥处，防潮防湿。

3）润滑防锈保养

按照小麦联合收割机说明书对重要构件进行润滑防锈处理。

4）传送带、链条保养

应放松拆卸全部传送带、链条，视磨损情况进行更换或修复处理。对能够继续作业的传送带，保洁处理后涂上滑石粉，悬挂高处予以防潮防湿保存。对能够继续使用的链条，应采用机油浸泡的方式进行清洗，浸泡时间不少于 15 min，然后擦干或风干后装箱干燥保存。

5）零部件排查

对易变形、易损坏的零部件，包括刀片、滚筒、伸缩齿杆导管等应进行全面排查，视磨损情况进行更换或修理。

6）部分零部件要卸下分开保管

①取下条筛片仔细清理后保管起来。

②取下所有皮带，放在干燥、凉爽的室内保管。

③卸下链条，清洗后放在 60~70 ℃的油脂或石蜡中浸泡约 15 min，充分润滑链条套筒、销子、滚子，然后妥善保管。

④卸下蓄电池，保存在干燥的室内，每月必须进行充电，并检查电解液含量和比重。

⑤经清理后，保管好无级变速器的变速盘、变速轴、护刀架梁和割刀。

⑥顶起收割机，把轮胎气压降到规定值。

7）割台的存放

割台应在放下后，用垫木架空，搁置在库房的相对较低处。

8）封存

在选择通风、干燥、有防火装置的库房的同时，还应对收割机加盖篷布，进行密封处理。

第二节　玉米联合收割机

玉米联合收割机是指一次完成摘穗、剥皮、收集果穗、脱粒，同时对玉米秸秆进行处理（切段青贮或粉碎还田）等作业的机具。

一、基本构造

（一）玉米联合收割机的类型

玉米联合收割机大体可分为 4 种类型：背负式机型、自走式机型、牵引式机型、玉米专用割台。

1. 背负式玉米联合收割机

背负式玉米联合收割机也称悬挂式玉米联合收割机，即与拖拉机配套使用的玉米联合收割机，用拖拉机做底盘，把整台联合收割机悬挂组装在拖拉机上进行收获作业，作业结束后再将其拆卸下来存放。它可提高拖拉机的利用率，机具价格也较低。但是受到与拖拉机配套的限制，作业效率较低。目前国内已开发有单行、双行、三行等产品，分别与小四轮、中、大型拖拉机配套使用，按照其与拖拉机的安装位置分为正置式和侧置式，一般多行正置式背负玉米联合收割机不需要开作业工艺道。

2. 自走式玉米联合收割机

自走式玉米联合收割机是专用玉米联合收割机机型，可一次完成玉米的摘穗、剥皮、输送、集仓、秸秆切碎还田（或秸秆粉碎回收）等全过程作业。该类产品国内目前有三行和四行，其特点是工作效率高、作业效果好、使用和保养方便，但其用途专一。国内现有机型摘穗机构多为摘穗板—拉茎辊—拨禾链组合结构，秸秆粉碎装置有青贮型和粉碎型2种。底盘多是在已定型的小麦联合收割机底盘基础上改进的，多采用两端动力输出；操纵部分采用液压控制。

3. 牵引式玉米联合收割机

牵引式玉米联合收割机是我国引进吸收国外技术，自行设计生产的最早的一类机型。它结构简单、使用可靠、价格较低，由拖拉机牵拉作业。在作业时由拖拉机牵引收割机，再牵引果穗收集车，配置较长，转弯、行走不便，主要应用在大型农场。

4. 玉米专用割台

玉米专用割台又称玉米摘穗台，用玉米割台替换谷物联合收割机上的谷物割台，从而将谷物联合收割机转变为玉米联合收割机。装上玉米专用割台的联合收割机，可一次完成玉米的摘穗、输送、果穗装箱等作业。这种机型投资小，扩展了现有谷物联合收割机的功能，同时价格低廉，每台1万~2万元。目前，国内

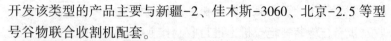

开发该类型的产品主要与新疆-2、佳木斯-3060、北京-2.5等型号谷物联合收割机配套。

（二）玉米联合收割机的基本构造

玉米联合收割机由摘穗台（割台）、输送装置、剥皮装置、籽粒回收装置、秸秆粉碎（还田、回收）装置、集穗箱、传动系统、发动机、底盘、电气系统、液压系统、驾驶室、操纵装置等组成。

1. 摘穗台（割台）

由割台体、分禾器、切割器（茎穗兼收型）、拨禾链、摘穗装置、清草刀、果穗螺旋推运器等组成。摘穗装置是摘穗机构完成摘穗作业的核心，其功用是使果穗和秸秆分离。现有机器上所用的摘穗装置皆为辊式，分为纵卧式摘辊、立式摘辊、横卧式摘辊和纵向摘穗板4种。

摘穗台的工作过程：玉米联合收割机是在行进中完成收割作业的。分禾器将禾秆从根部扶正，切割器（茎穗兼收型）切断秸秆后，由拨禾链将禾秆扶持并引入摘穗装置，经摘穗装置摘穗后，进入果穗螺旋推运器，再经果穗螺旋推运器送入输送装置。

2. 输送装置

输送装置主要由输送器壳体、升运器链条组合、清杂装置等组成。玉米收割机一般装有2个果穗升运器，果穗第一升运器用来输送由摘穗装置摘落的果穗，果穗第二升运器用来输送由剥皮装置送出的果穗和由籽粒回收螺旋推运器送出的籽粒。玉米联合收割机普遍采用螺旋推运器和刮板升运器，一般刮板升运器应用广泛，它具有传动可靠、输送能力强、可以大角度输送物料等特点。

3. 剥皮装置

剥皮装置作为玉米联合收割机的主要工作部件，其工作性能

（剥皮生产率、剥净率、籽粒脱落率、破碎率）对整机的工作性能影响很大。剥皮装置多为辊式，由若干对相对向里侧回转的剥皮辊和压送器等组成，剥皮装置工作时，压送器缓慢地回转或移动，使果穗沿剥皮辊表面徐徐下滑。由于每对剥皮辊对果穗的切向抓取力不同（上辊较小，下辊较大），果穗便回转。果穗在旋转和滑行中不断受到剥皮辊的抓取，将苞皮或苞叶推运器撕开，并从剥皮辊的间隙中拉出。

4. 籽粒回收装置

玉米联合收割机上常用的籽粒回收装置是螺旋推运器，由驱动装置、苞叶推运器、籽粒回收筛、籽粒回收螺旋推运器、托架等组成。在驱动装置驱动下，苞叶推运器将剥下的苞叶以及所夹带的籽粒在向机体外推送的同时进行翻动，使夹带的籽粒通过籽粒回收筛分离出来，落入下方的籽粒回收螺旋推运器中，再送到果穗第二升运器。

5. 秸秆粉碎（还田、回收）装置

用于秸秆、苞叶、杂草、根茬等的粉碎还田。秸秆粉碎装置一般由机架部分、变速箱、压轮部分、悬挂部分、切碎部分、罩壳等组成。目前秸秆粉碎装置按动刀的形式区分有甩刀式、锤爪式和动定刀组合式 3 种机型。秸秆粉碎装置在玉米联合收割机上一般有 3 种安装位置：一是位于收割机后轮后部；二是位于摘穗装置和前轮之间；三是位于前后两轮之间，用液压方式提升。秸秆粉碎装置通过支撑辊在地面行走。工作时，由导向装置将两侧的秸秆向中间集中，切碎刀对秸秆多次数层切割后，通过大罩壳后端排出，均匀地将碎秸秆平铺在田间。一般切碎长度在 85～100 mm。

6. 抛送器、粮箱总成

抛送器是将剥皮装置剥好的玉米果穗抛送到果穗箱里，解决粮箱的充满问题。

7. 传动系统

传动系统的作用是把发动机动力，通过链传动、皮带传动、万向节传动轴等方式传递给割台、输送装置、剥皮装置、籽粒回收装置、秸秆粉碎（还田、回收）装置等。

8. 发动机

发动机是为玉米联合收割机提供行走和工作部件的动力源，安装在驾驶室后输送器下，横向配置，便于传递动力。

9. 底盘

底盘用来支撑玉米联合收割机，并将发动机的动力转变为行驶力，保证玉米联合收割机行驶，主要由车架、行走离合器、行走无级变速器、齿轮变速箱、前桥、后桥、制动装置等组成。

10. 电气系统

电气系统是用来保证玉米联合收割机驾驶室内监控、发动机启动、照明等各辅助用电设备的用电。驾驶员要随时观察仪表上显示的电流、水温、油压范围，防止用电设备和线路短路，保证玉米联合收割机在作业及行驶过程中的启动、照明和仪表指示。随时观察蓄电池充电情况，发现问题应及时解决。

11. 液压系统

玉米联合收割机的液压系统由工作部件液压系统和转向机构液压系统 2 个各自独立的系统组成。转向机构液压系统用来控制转向轮的转向；工作部件液压系统用来控制摘穗台升降、行走无级变速、秸秆粉碎装置的升降和果穗箱的翻转卸粮。

主要液压元件有齿轮泵、液压油箱、多路手动换向阀、全液压转向器、割台液压缸、行走无级变速液压缸、秸秆粉碎装置升降液压缸、果穗箱液压缸、转向液压缸、发动机工作部件、离合器液压缸、单柱塞离合泵及双柱塞制动泵等。

12. 驾驶室

驾驶室位于割台后上方、前桥的前上方，方便驾驶员作业时环顾周围环境。为了减少地面不平引起的振动，驾驶员能舒适驾驶，一般选用定型的金属弹簧驾驶座。驾驶室内集中了玉米联合收割机的操纵机构：转向机总成、离合器踏板、制动器踏板、脚油门、手油门、手刹车操纵杆、各种液压油缸操纵杆及监控等。

（三）玉米联合收割机的工作过程

玉米联合收割机工作时，拨禾轮首先把玉米向后拨送，引向切割器，切割器将玉米割下后，由拨禾轮推向割台搅龙，搅龙将割下的玉米集中推到割台中部的喂入口，由喂入口伸缩齿将玉米切碎，并拨向倾斜输送器，玉米秸秆和玉米穗在高速旋转的脱粒滚筒表面被滚筒上的柱齿反复击打、切割，迅速分解成籽粒、粒糠、碎茎秆和长茎秸。籽粒、粒糠、碎茎秆从分离板的孔隙中落入清选设备的抖动筛上，长茎秸从排草口排出，完成籽粒与秸秆分离。在清选设备的上筛和下筛的交替作用下，玉米籽粒从筛孔落到提升器内，其余杂物被清选设备排出机外，玉米籽粒通过提升器送入粮仓，完成脱粒。

二、田间作业

（一）玉米联合收割机的磨合与调整

1. 玉米联合收割机的磨合

新购置的玉米联合收割机在收获前，必须进行磨合。磨合可以使零件获得合适的配合间隙，及时发现装配故障。

（1）空转磨合。磨合首先是整机原地空转磨合。磨合时，启动柴油机，空转运行 10 min。留心观察整个机器部件是否有异常响声、异常振动、传动部件过热等情况。开启割台，检查割台各个部件转动是否正常。缓慢升降割台，仔细检查升降系统工作是否准确、可靠，整机空转磨合后，进行行走磨合。行走磨合前，仔细检查、清理玉米联合收割机的内部。用手转动中间轴右侧的带轮，看有无卡滞现象，正常情况下应该运转自如。行走磨合时，从低挡到高挡，从前进挡到后退挡逐步进行磨合。行驶20~30 min后停车检查。应检查的项目包括左、右边链传动有无过热及其他异常情况，各个传动链条是否符合张紧规定，轮胎气压是否充足，所有紧固件是否松动。

（2）负荷磨合。行走磨合后进行负荷磨合，也就是试割。试割应在收获作业的第一天进行，选择在地势较平坦、草少、成熟度一致、无倒伏、具有代表性的地块进行。开始以小喂入量低速行驶，逐渐加大负荷，直到达到额定喂入量。应该强调无论喂入量多少，柴油机均应在额定转速下全速工作。在试割过程中应及时、合理调整各工作部件，使之达到良好的作业状态。

2. 玉米联合收割机的调整

在收获前应根据具体地块的实际情况对玉米联合收割机进行适当的调整。

（1）割台切割器的调整。割台切割器对收割质量有很大的影响。动刀片和护刃器之间的间隙应为 0.1~0.5 mm。如果不对，可用榔头轻轻敲打进行调整。调整后的动刀片应滑动自如。

（2）搅龙叶片与割台底板间隙的调整。根据玉米的长势，调整搅龙叶片与割台底板之间的间隙。一般有以下3种情况：一般长势间隙应为15~20 mm，稀矮长势间隙应为10~15 mm，高大稠密长势间隙应为20~30 mm。调整时，先将割台两侧壁上的搅龙固定螺母松开，再将割台侧壁上的搅龙伸缩调节螺母松开，转动调节螺母，使搅龙升起或降落。按需要调整搅龙叶片和割台底板之间间隙。调整后拧紧搅龙固定螺母即可。

（3）伸缩齿与割台底板间隙的调整。伸缩齿与割台底板的

间隙应为 10～15 mm。对稀矮长势的玉米，可调整为不低于
6 mm。对高大稠密长势的玉米，应使伸缩齿前方伸出量加大，
有利于抓取作物，避免缠挂。调节伸缩齿与割台底板间隙时，应
先松开调整螺母，移动伸缩齿调节手柄，即可改变伸缩齿与割台
底板间隙。将手柄往上移动间隙变小，将手柄往下移动间隙变
大。调整完后，必须将调整螺母牢固拧紧，防止脱落打坏机体。

（4）倾斜输送器的链耙与割台底板的调整。将作物送入滚
筒室内，正常的链耙与割台底板之间的间隙为 20 mm。链耙在割
台内部，其间隙不易观察测量。测量时，先打开输送器观察口，
将链耙中部上提，高度在 50 mm 左右为宜，如不到标准应及时
调整。调整时，应先松开输送器螺母，然后再拧转输送器螺母，
以达到张紧要求，调整后的链耙紧度必须适当，不允许张得过
紧。调整链耙后必须拧紧调整螺母。最后应盖上输送器观察口，
拧紧螺母。

（二）玉米联合收割机收割前的准备

（1）按照拖拉机使用说明书的规定对拖拉机进行班次保养，
并加足燃油、冷却水和润滑油。

（2）按照玉米联合收割机使用说明书的规定对机具进行班
次保养，加足润滑油，检查各紧固件、传动件等是否松动、脱
落，有无损坏，各部位间隙、距离、松紧是否符合要求等。

（3）根据用户要求和作业负荷情况，调整割台高度。一般
情况下，割台高度不应低于 120 mm。

（4）割茬高度，以不影响耕地作业、不影响下茬种植为
标准。

（三）玉米联合收割机的操作

1. 正确操作

（1）悬挂式玉米联合收割机在长距离行走或运输过程中，

应将割台和切碎器挂接在后悬挂架上，中速行驶，除 1 名驾驶员外，其他部位不允许乘坐人员。

（2）在进入作业区域收割前，驾驶员应了解作业地块的基本情况，如地形、作物品种、行距、成熟程度、倒伏情况，地块内有无木桩、石块、田埂未经平整的沟坎，是否有可能陷车的地方等。应尽量选择直立或倒伏较轻的田块收获。收获前倒伏严重的玉米穗和地块两头的玉米穗摘下运出，然后进行机械收获作业。

（3）先用低 1 挡试收割，在地中间开出 1 条车道，并割出地头，便于卸粮车和人员通过及机组转弯。

（4）驾驶员应灵活操作液压手柄，使割台适应地形和农艺要求，并避免扶禾器、摘穗装置碰撞硬物，造成损坏。

（5）收获时最大行驶速度应在 10 ~ 18 km/h，速度不可过快，防止收割机超负荷运转，损坏动力输出轴。

（6）玉米联合收割机在田间作业时，柴油机油门必须保持在额定位置。

（7）当通过田埂或地头时，应该升起割台，并且避免急转弯。

（8）玉米联合收割机作业时，要求横向坡度不应大于 8°，纵向坡度不应大于 25°。

（9）卸粮时，将卸粮搅龙筒放下，下压卸粮离合器操纵杆，进行卸粮。卸粮后上提操纵杆。卸粮完毕时，应将卸粮搅龙筒收回运输位置固定。行进卸粮时，应注意两机间距必须大于 400 mm。

（10）停车时，必须将割台放落地面，将所有操纵装置放至"空挡"位置，应将手刹固定。

2. 玉米联合收割机的收获方法

玉米联合收割机常用的收获方法有梭形法、向心法和套收法。

（1）梭形法。机组沿田地一侧开始收获，收完一个行程后，在地头转弯进入下一行程，一行紧接一行，往返行进。这种收获方法优点是不受地块宽度限制、地块区划简单、行走方法容易掌握；其缺点是地头转弯频繁、地头需流出较宽的距离。

（2）向心法。机组从地块一侧进入，由外向内绕行，一直收到地块中间。其优点是行走路线简单、地头宽度小；其缺点是需要根据机组的工作幅宽精确计算，否则容易造成漏收。

（3）套收法。将地块分成偶数等宽的若干区域。机组从地块一侧进入，收到地头后，到另一区的一侧返回，依次收完整个地块。这种收获方法适合于区域长度较短的地块或垄地播种。

3. 安全使用规范

（1）机组驾驶人员必须具有农机管理部门核发的驾驶证，经过玉米收割机操作的学习和培训，并具有田间作业的经验。

（2）与联合收割机配套的拖拉机必须经农机安全监理部门年审合格，技术状况良好。使用过的玉米收割机必须经过全面的检修保养。

（3）工作时机组操作人员只限驾驶员 1 人。严禁超负荷作业，禁止任何人员站在割台附近。

（4）拖拉机启动前必须将变速手柄及动力输出手柄置于"空挡"位置。

（5）机组起步、接合动力、转弯、倒车时，要先鸣笛，观察机组附近状况，并提醒多余人员离开。

（6）工作期间驾驶员不得饮酒，不允许在过度疲劳、睡眠不足等情况下操作机组。

（7）作业中应注意避开石头块、树桩、沟渠等障碍，以免造成机组故障。

（8）工作中驾驶人员应随时观察、倾听机组各部位的运行情况，如发现异常，立即停车排除故障。

（9）保持各部位防护罩完好、有效，发动机熄火前严禁拆卸防护罩。

（10）严禁机组在工作和未完全停止运转前清除杂草、检查、保养、排除故障等。必须在发动机熄火、机组停止运行后进行检修。检修摘穗装置、拨禾链、切碎器、开式齿轮、链轮和链条等传动和运动部位的故障时，严禁转动传动机构。

（11）机组在转向、地块转移或长距离空行及运输状态时，必须将收割机切断动力。

三、维护与保养

要想使玉米联合收割机使用年限更长久，除了正确使用外，必须切实做好维护保养工作。维护保养分为日常保养和入库保养。

（一）日常保养

（1）每日工作结束后，应清洁玉米联合收割机残留的灰尘、茎、叶和其他杂物。

（2）检查每个组件连接，如果有松动要及时紧固。特别要检查破碎装置叶片，紧固刮板输送机，检查面板有无变形和损坏。

（3）检查三角带、传动链、输送链条张力。松动后要进行调整，有损坏变形的要进行更换。

（4）检查减速机、封闭齿轮箱，以及液压系统液压油、润滑油有无泄漏和不足。

（5）经常清理散热器。因为玉米收割机工作的环境比较恶劣，作业场地尘土飞扬，碎秆、碎草较多，对于散热器来说，很容易被堵住，加之连续工作负荷重，易造成发动机水箱温度过高。因此，作业前一定要注意清理水箱防护罩，尽量把里面的草屑、灰尘清理掉。这一环节可以在作业间隙来完成。

（6）清理空气滤清器。玉米收割机作业环境恶劣，空气滤清器也容易造成滤网堵塞，因此要经常进行清理。要严格按收割机使用说明书规定进行保养，并根据工作情况增加清理次数。

（二）入库保养

玉米收割机在经历了几十天的连续作业后，机器内部会积有大量的尘土和污物，并伴有零部件的不同程度的磨损，因此在收获季节结束之后，一定要对玉米收割机进行科学的保养，这样既可以延长玉米收割机的使用寿命，还能降低下一年玉米收割机故障的发生率。

（1）仔细认真清洗机器。在清扫机器时，首先打开机器各部位的检视孔盖，拆下所有的防护罩，清除滚筒室、过桥输送室内的残存杂物，清扫抖动板、清选室底壳、风扇蜗壳内外、变速箱外部、割台、驾驶台、发动机外表等部位残存的秸秆杂草和泥土杂物等。清扫完毕，启动机器，让各部件高速运转 5 min，排尽各种残存物，然后用水冲洗机器外部，再开动机器高速运转 3~5 min，以除去残存的水，晾干后存放。

（2）各滤清器、散热器片需要进行清理，要认真检查变速箱里机油量、液压装置液压油是否充足，查看是否需要更换。将传送带、链、弹簧和履带等张紧装置放松。

（3）查看行走离合器及主离合器摩擦片、分离轴承，观察各组离合器及轴承磨损情况是否严重，如果影响到以后的工作，就要进行调整或更换。要拆下各球面轴承，从轴承小孔处加注润滑油。

（4）作业结束后入库前要卸下蓄电池，把蓄电池里面的电解液倒出，一定要清理干净电瓶和芯片表面的灰尘，最后使用蒸馏水多次冲洗电瓶及锌片，放在干净通风处晾干，晾干后包装储存待下一年使用。

（5）清洗切割器，清洗干净后在切割器表面涂抹防锈油，防止切割器被锈蚀。检查切割器各工作部件是否有破损的地方，根据不同的损坏程度进行修理或更换。同时，各运动表面要进行一次充分润滑。

（6）对链轮进行清洗，并在链轮表面涂上防锈油以防止锈蚀。检查链轮各零部件的损坏情况，根据损坏情况予以修理或更换。同时，对链轮各个接触运动部件进行润滑。

（7）选择好长期停放收割机的场所，停放地点应选在通风、干燥的室内，不要露天放置。放下割台，割台下垫上木板，使其不能悬空；前后轮支起并垫上垫木，使轮胎悬空；要确保支架平稳牢固；放出轮胎内部的气体。在停放保管期间，每月要求对液压操纵阀等工作位置扳动 10~15 次，同时，要经常转动发动机曲轴，促使活塞、气缸等部位经常得到润滑。有条件的还要加盖篷布，以减少灰尘及杂物等进入。

（8）卸下所有传动链，用柴油清洗后擦干，再浸入机油中 15~30 s 后装复原位。若磨损严重，则应更换新品。也可浸油后用纸包上存放。卸下拨禾压木板，捆束后平置在架上。

（9）拆下割刀总成，清洗后涂防锈油置水平板上，或吊挂起来防止变形。

（10）拆下燃油箱和输油管，用干净柴油刷洗，确保无渗漏，防止受潮生锈。

（11）放出空气滤清器、发动机油底壳、机油滤清器内的机油。

（12）清洗冷却系统，彻底排空冷却系统中的冷却水，防止冬季结冰冻裂机件。

第三节 棉花联合收割机

棉花联合收割机可一次完成摘棉、脱棉、送棉、集棉，一般分为水平摘锭式采棉机、垂直摘锭式采棉机、气吸振动式采棉机。

一、水平摘锭式采棉机

水平摘锭式采棉机由扶导器、采棉装置、输送装置和棉箱等组成。

水平摘锭式采棉机工作过程如下。

（1）摘锭摘籽棉。扶导器将棉株扶起导入采摘室内，被挤压在 80~90 mm 的空间内，摘锭伸进棉株，高速旋转，将籽棉缠在摘锭上，经栅板孔隙退出采摘室。

（2）脱棉。滚筒把一组组摘锭带到脱棉器下脱棉。

（3）送籽棉。脱下的籽棉被气流送入棉箱。

（4）摘锭再转到湿润器下面被擦净湿润后，又重新进入采摘室采棉。采摘率在 90% 左右，含杂率 5% 左右，自然落地和机器碰落棉花占 5%~10%。

摘锭滚筒上的摘锭端回转的切线速度接近采棉机的前进速度，但方向相反，理论上摘锭与棉株的相对速度等于零，可保持在采棉时棉株直立不倾斜。

二、垂直摘锭式采棉机

它和水平摘锭式采棉机的主要区别在于采棉装置。其工作原理如下。

（1）摘棉。扶导器将棉株引入采棉室，左右两侧滚筒向后相对旋转，使滚筒和棉株接触的周边与棉株的相对速度等于零，保持棉株直立；同时摘锭高速自转把籽棉缠在摘锭上。

（2）脱棉、送棉。当摘锭被滚筒移转到脱棉区时，摘锭倒转，由脱棉辊将籽棉刷到集棉室，然后被气流送入棉箱。

（3）清洗摘锭滚筒。机器在地头转弯时，前后2个清洗喷头向旋转中的摘锭滚筒喷水清洗。

采摘率80%左右，含杂率10%左右，落地率10%左右。受其原理限制，所采籽棉的含杂率很高、落地棉多，必须配套落地棉捡拾机和加强籽棉、皮棉的清理。

三、气吸振动式采棉机

1. 基本原理

利用机械振动棉株的办法，减少籽棉与铃壳的联结力，振动振散吐絮籽棉瓣，并用气流吸走籽棉。

2. 采棉过程

（1）振动棉株。棉株进入采棉室后，被压缩成与采棉室相等的宽度，同时被拨株辊扶持直立，不致倾斜。棉株主杆离地面7 cm处遭到振动器橡胶锤的敲打而使棉株振动。

（2）吐絮籽棉瓣被振松变长、振散或跳出铃壳落下。籽棉瓣被两边吸棉嘴吸走，经吸棉管被吸入棉箱。由于橡胶锤表面有弹性，打击棉株后可弹回，所以，在适宜的转速下，不会损伤棉株。采棉率可达到90%以上，落地率为0.5%~3%。

第四节 花生联合收割机

花生联合收割机可一次完成花生挖掘、抖土、摘果、分离、清选、集果等多道作业工序，生产效率高、作业损失少、转移速度快、使用安全可靠。

一、基本结构

花生联合收割机主要由收获系统、摘果系统、清选系统等部分组成。

1. 收获系统

主要包括扶禾器、夹持输送链条、犁刀、限深轮，它主要将花生秸秧及果实从地里起出，并将起出的花生秸秧连同果实一起输送到摘果系统和清选系统。

（1）扶禾与拨禾装置。该装置由扶禾器和拨禾链组成，扶禾器采用1对反向旋转的尖锥，起扶禾和分禾作用，把即将收获的大田花生秸秧从大田中分离出来，并扶正倒伏的秸秧；拨禾链采用带齿链条，将收拢的花生拨向夹持输送端。同时扶禾器的尖部能够将地膜划破，以利于收获。

（2）夹持输送链条。夹持输送装置的作用是保证在花生主根被挖掘铲铲断的同时将花生拔起，并迅速将其输送到摘果清选系统。

（3）犁刀将花生的根茎切断，连同果实一起向后输送。犁刀的入土深度直接影响收获质量和工作效率。

（4）限深轮的主要作用是调节犁刀的深浅。

2. 摘果系统

摘果系统主要包括抖土器、摘果箱、振动筛、清选风扇、提升器、果仓等几个部分，它可以使花生果实与秸秧分离、果实与土壤杂质分离。

（1）抖土器。位于机器前部，刚挖掘出的花生在链条输送的过程中，通过抖土器的轻轻敲击，土壤从果实上掉落，完成了果实的第一次清选。

（2）摘果箱。它由 1 对反向转动的倾斜式摘辊组成，每个摘辊上设有 4 个摘果板。

（3）振动筛。摘下的花生果实经凹板筛和逐稿器落入到振动筛上，在振动筛的振动和风机的共同作用下进行清选，完成第二次清选。

3. 清选系统

清选系统将花生果实与杂质彻底清选、分离。

（1）清选风扇的作用是将振动筛上的花生果实中的草、叶、杂质吹出，完成果实的第三次清选。

（2）提升器安装于机器的尾部，其作用是将花生果实从振动筛传送到果仓中。

（3）果仓是存储果实的容器，自动储存卸果。果仓装满后由驾驶员操纵液压手柄 1 次将果实卸到地面的接收苫布上。

二、工作过程

机器可以一次完成花生的挖掘、除土、摘果、清选、集果等作业。通过机器的行走带动，反向旋转的扶禾器，将倒伏的花生秸秧扶起、拢直，收获器的 2 个犁刀深入地下，将花生挖掘出来，由夹持输送链条将花生秸秧夹住往后输送，输送过程中通过收获器下部的 1 组抖土机构，去除夹带的大块泥土和石块等杂物，进行了第一次清选。然后送入到摘果箱，通过反向运转的摘辊敲击、梳理和挤压，花生果实摘落下来，完成了整个摘果过程。摘下的花生果实降落到振动筛上，通过风扇将杂质吹出，完成了花生果的第二次清选。清选后的花生果实由提升机构运送到果仓，花生秸秧则通过机器后部落到收获完毕的土地上。

三、正确使用

收获时，先调整机组方向，使夹秧器前端的拢秧装置对准待收的花生行，上下调整犁刀的深度，使之适合待收花生。然后，踩下机器离合踏板，使传动齿轮箱的离合手柄置于"合"的状态，使机器由慢到快运转起来。确认机器运转正常后，降落夹秧器前端到正常工作状态，然后挂上慢 1 挡开始正常收获作业。机器收获到地头时停止前进，升起夹秧器，使机器继续运转一段时间后，停机卸果或调头继续进行收获作业。

在操作使用中要注意以下几点。

（1）花生输送器应靠近地面，因此机器进地工作时，应视地势而定花生输送器与地面的距离。土壤水分含量太高时，机器不应工作。

（2）为了提高花生收割机的作业效率，所以需要及时清理链条、链轮、振动筛、前轮上的杂物。

（3）机器工作时，调整犁刀的深度，不要使夹秧器的前头离地面太近，以免造成堵塞，非操作人员不要靠近旋转的链条、链轮。

（4）停机时，应先踩下机器离合踏板，然后使传动齿轮箱的离合手柄置于分离状态。

四、常见故障与排除

常见的故障和排除方法如下。

（1）提升器有异常响声。原因可能是链条松动或小碗变形。排除方法是调整提升器上端的调节螺栓或更换小碗。

（2）振动筛不工作。原因可能是偏心轮转轴已断或传动三角带已松动。排除方法是更换偏心轮转轴、传动三角带或调整张紧轮的位置。

（3）夹秧器有异常响声。原因可能是链条松动或上下夹秧器链片错位。排除方法是重新安装链条或调节夹秧器链片的位置。

（4）掉果较多。原因可能是拍土装置摆幅太小。排除方法是调整拉杆的长度。

第五节　马铃薯联合收割机

马铃薯联合收割机能一次完成挖掘、分离土块和茎、叶及装箱或装车作业。马铃薯联合收割机工作效率高、可大幅度缩短收获期、防止早期霜冻的危害、减少收获损失、减轻劳动强度。按分离工作部件结构的不同，主要分为升运链式、摆动筛式和转筒式3种，其中升运链式马铃薯联合收割机使用较多。

一、基本结构

主要工作部件有挖掘部件、分离输送机构、清选机构、输送装车部件等。

（1）挖掘部件主要由挖掘铲、镇压限深轮和圆盘刀等部件组成。

（2）分离输送机构主要将薯块与土块、茎、叶分离。

（3）清选机构主要将茎、叶和杂草排出机器，清除薯块中夹杂的杂物和石块。

（4）输送装车部件主要由三节折叠机构、输送链和液压控制系统组成，完成输送装车任务。

二、工作过程

各种马铃薯联合收割机的工作过程大致相同。机器工作时，靠仿形轮控制挖掘铲的入土深度，被挖掘铲挖掘起的块根和土壤送至分离输送机构进行分离，在强制抖动机构作用下，来强化破碎土块及分离性能。当土块和薯块在土块压碎辊上通过时，土块被压碎，薯块上黏附的泥土被清除；此外，它还对薯块和茎、叶的分离有一定的作用。薯块和泥土经摆动筛进一步被分离，送到后部输送器。马铃薯茎、叶和杂草由夹持带式输送器排出机器；薯块则从杆条缝隙落入马铃薯分选台，在这里薯块中夹杂的杂物和石块被进一步清除。然后薯块被送至马铃薯升运器装入薯箱，完成输送装车任务。

三、使用及调整方法

（1）下地前，调节好限深轮的高度，使挖掘铲的挖掘深度在 200 mm 左右。在挖掘时，限深轮应走在要收的马铃薯秧的外侧，确保挖掘铲能把马铃薯挖起，不能有挖偏现象，否则会有较多的马铃薯损失。

（2）起步时将马铃薯收割机提升至挖掘铲尖离地面 50 ~ 80 mm，空转 1 ~ 2 min，无异常响声的情况下，挂上工作挡位，逐步放松离合器踏板，同时操作调节手柄逐步入土，随之加大油门直到正常耕作。

（3）检查马铃薯收割机工作后的地块马铃薯收净率，查看有无破碎以及严重破皮现象，如马铃薯破皮严重，应降低机器行进速度，调深挖掘深度。

（4）作业时，机器上禁止站人或坐人，禁止接近旋转部件，否则可能将人卷入机器，造成严重的人身伤亡事故。检修机器时，必须切断动力，以防造成人身伤害。

（5）在坚实度较大的土地上作业时应选用最低的耕作速度。作业时，要随时检查作业质量，根据作物生长情况和作业质量随时调整行走速度与升运链的提升速度，以确保最佳的收获质量和作业效率。

（6）在作业中，如突然听到异常响声应立即停机检查，通常是收割机遇到大的石块、树墩等障碍物的时候，这种情况会对收割机造成大的损坏，作业前应先问明情况再工作。

（7）停机时，踏下拖拉机离合器踏板，操作动力输出手柄，切断动力输出即可。

四、维护和保养

（1）检查拧紧各连接螺栓、螺母，检查放油螺塞是否松动。

（2）彻底清除马铃薯收割机上的油、泥土、灰尘。

（3）放出齿轮油进行拆卸检查，特别注意检查各轴承的磨损情况，安装前零件需清洁，安装后加注新齿轮油。

（4）拆洗轴、轴承，更换油封，安装时注足润滑油。

（5）拆下传动链条检查，磨损严重和有裂痕者必须更换。

（6）检查传动链条是否裂开、六角孔是否损坏，有裂开应修复。

（7）马铃薯收割机不工作长期停放时，要垫高马铃薯收割机使旋耕刀离地，旋耕刀上应涂机油防锈，外露齿轮也需涂油防锈。非工作表面剥落的油漆应按原色补齐以防锈蚀。马铃薯收割机应停放室内或加盖于室外。

五、常用故障及排除方法

马铃薯收割机常用故障及排除方法如表8-1所示。

表 8-1 常用故障及排除方法

故障现象	原因	排除方法
收割机前兜土	机器挖掘铲过深	调节中拉杆
马铃薯伤皮严重	1. 挖掘深度不够 2. 工作速度过快 3. 拖拉机动力输出转速过大 4. 薯土分离输送装置振动过大	1. 调节拉杆，增加挖掘深度 2. 降低工作速度 3. 转速必须是 540 r/min 4. 拆除振动装置的传动链条
空转时响声很大	有磕碰的地方	详细检查各运动部位后处理
齿轮箱有杂音	1. 有异物落入箱内 2. 圆锥齿轮侧隙过大 3. 轴承损坏 4. 齿轮牙断裂	1. 取出异物 2. 调整齿轮侧隙 3. 更换轴承 4. 更换齿轮
薯土分离传送带不运转	过载保护器弹簧变松，传送带有杂物卡阻	调整弹簧，清除杂物

参考文献

毕文平，师勇力，马建明，2018. 农业机械维修员［M］. 北京：中国农业科学技术出版社.

扶爱民，2014. 小型农业机械使用与维护［M］. 长沙：湖南科学技术出版社.

江占才，王鹏飞，秦军锁，2015. 新型农机驾驶员［M］. 北京：中国农业科学技术出版社.

李慧，张双侠，2018. 农业机械使用维护技术：大田种植业部分［M］. 北京：中国农业大学出版社.

李鲁涛，李敬菊，2014. 农业机械操作员［M］. 北京：中国农业出版社.

李学来，2014. 联合收割机使用与维修［M］. 南昌：江西科学技术出版社.

冉文清，师勇力，范官友，2016. 新型农机驾驶员培训读本［M］. 北京：中国农业科学技术出版社.

冉文清，张英，赵礼才，2015. 新型职业农民农机操作手［M］. 北京：中国农业科学技术出版社.

夏俊芳，2011. 现代农业机械化新技术［M］. 武汉：湖北科学技术出版社.